移住してはじめる
狩猟ライフ

イノシシ・シカ猟で食肉自給率100%

辺土正樹 Hendo Masaki

さくら舎

大物イノシシを
生け獲り、解体し、食べる

①わなに掛かったイノシシの捕獲に向かう

③抵抗するイノシシを引っ張り動きを止める

②鼻取り具でイノシシの口を塞ぐ

④足と口をワイヤーで取り動きを封じる

⑤ガムテープで視界を塞ぎ、落ち着かせる

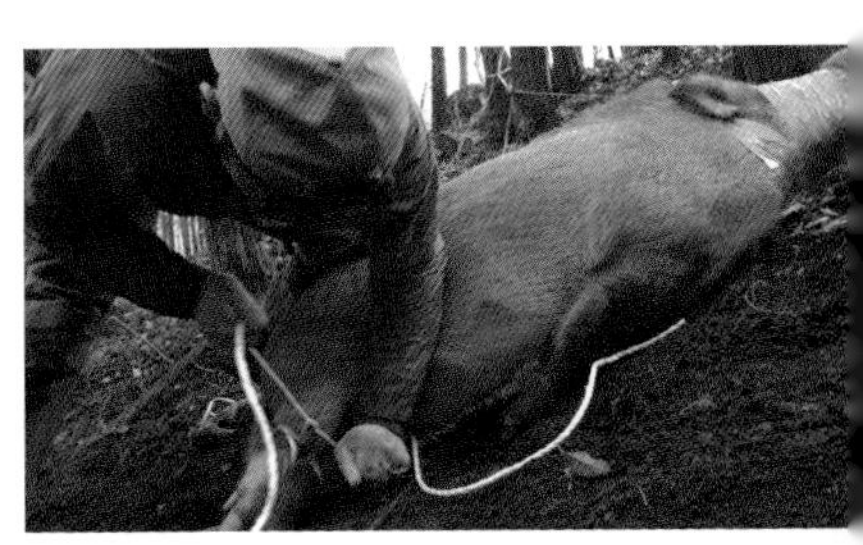

⑥イノシシの四肢を縛り生け獲りに

⑦山へ一礼

⑧イノシシを軽トラで自宅へ運ぶ

⑨解体小屋で止め刺しの準備

＊YouTubeチャンネル「life【里山狩猟生活＃19】
大物イノシシを獲って、解体し、食べるまで」より
（https://www.youtube.com/watch?v=zXR93P8EnxM）

⑩解体作業。摘出した内臓を洗う

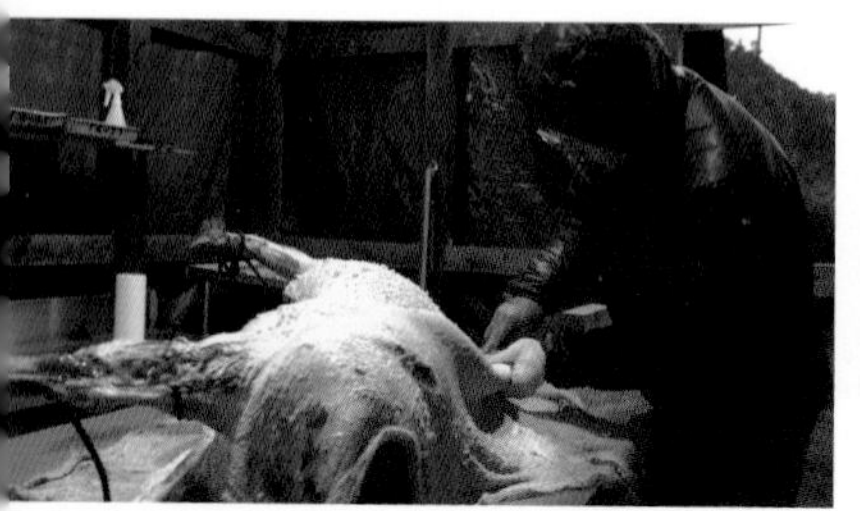

⑪脂肪が肉に残るよう皮だけを剝ぐ

⑫肋骨をナイフで外す

⑬精肉作業。背ロースを切り取る

⑭脂肪をまとったモモ肉

⑮さまざまな部位の肉

⑯ピンク色をした新鮮な腸

⑰イノシシ肉を台所で調理する

⑱肉に米粉をつける

⑲フライパンで焼いて味つけ

⑳イノシシ肉のショウガ焼きの出来上がり

㉑家族で「いただきます!」

脂の乗ったイノシシのバラ肉は格別

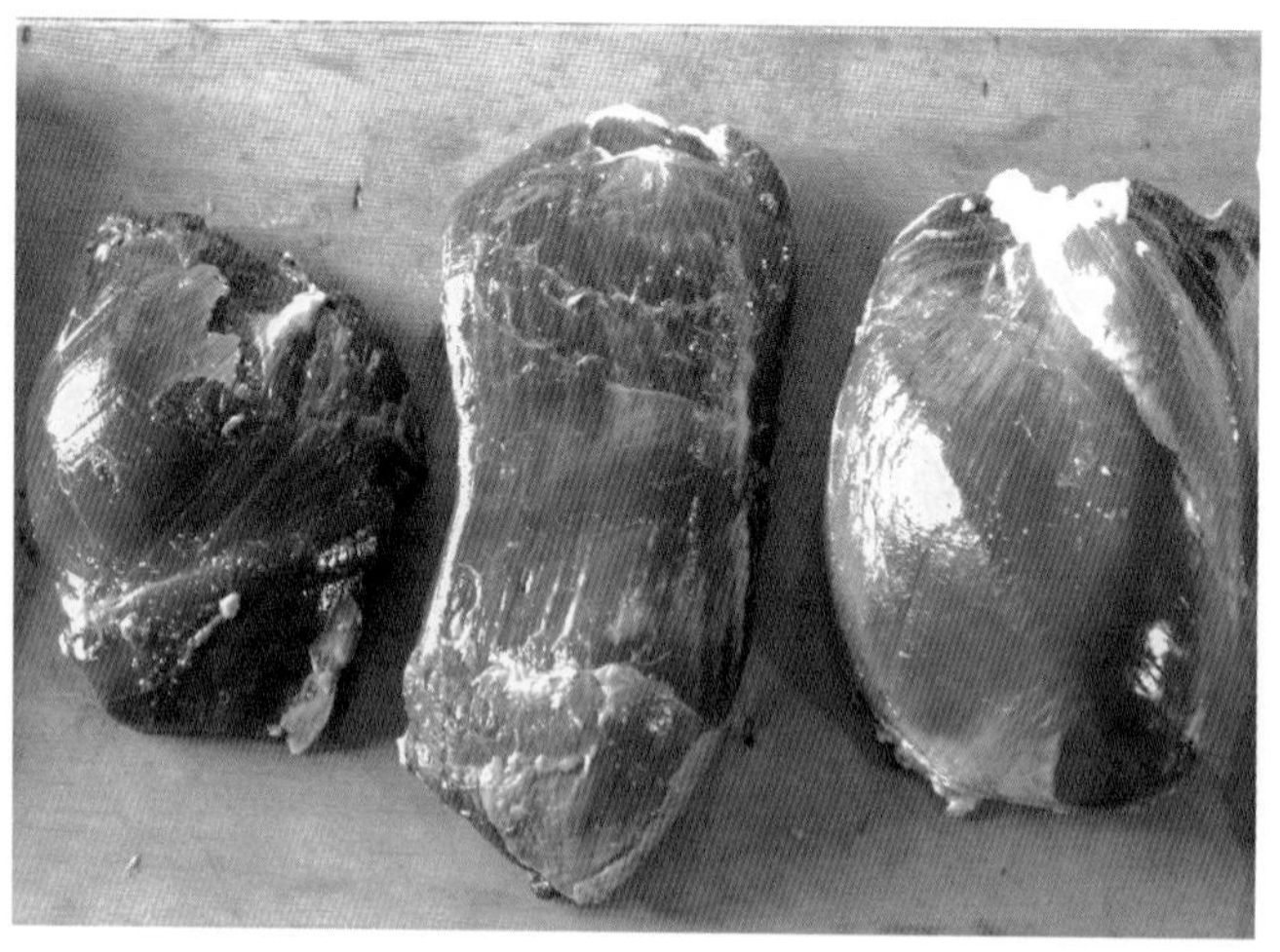

シカの赤身肉はローストがおいしい

薄切りイノシシ肉のしゃぶしゃぶ

低温調理したシカ肉のロースト

イノシシハム入りのポトフ

鼻先で力強く土を掘り返す大イノシシ

凜とした佇まいのシカ

目次◆移住してはじめる狩猟ライフ――イノシシ・シカ猟で食肉自給率100％

第1章　移住してわな猟をはじめる

移住先で見かけたシカの解体　18
とりあえず取ってみた狩猟免許　20
こんなちっぽけなわなで捕獲できるのか？　22
8日目、シカがわなに掛かった　25
獣の命を絶ち、解体する　27
わなを自分で仕掛けてみる　30
くくりわなを仕掛ける場所　33
90キロの大イノシシが掛かってしまった　37
恐怖心で腰が抜ける　40
苦労して獲ったお肉だが……　43
生け獲り猟を知る　46

第2章　狩猟で変わる心と体

単独生け獲り猟をはじめる　52
獣道にわなを仕掛け、隠す　55
シカ生け獲りに一人で向かう　57
必死に抵抗するシカ、必死の捕獲　60
止め刺しがうまくできない　63
狩猟を続けていいのかという葛藤　66
お肉を食べて、命が繋がってきた　68
イノシシにわなを見破られっぱなし　71
仮説を立て、新しいわな場で検証　74
大物イノシシが掛かった！　76
圧倒的な力強さに震える　78
血液が沸騰するような充実感　83
獣に対する畏敬の念　84

解体、驚くほど美しい内臓 86
体全身でおいしさを感じるホルモン鍋 91
獣が欲しくて欲しくてたまらない 93
狩猟への執着が抜けた 96
イノシシとシカの行動を読む 102
山の中の身体感覚 107
自然の情報を感じて体が動く 110
山の獣への憧れ 113

第3章 獣肉はおいしい

「SNS発信はやらない」 120
YouTubeに狩猟動画をアップしてみる 123
伝えたいのは獣や自然の美しさ、力強さ 126
日本のコメントは9割が肯定的 130
素手で解体をおこなう理由 131

獣肉はまずいという先入観　135
シカ肉、イノシシ肉のおいしい時期　138
生け獲りを選択している理由　142
▼止め刺しがしやすく、肉質も向上　143
▼時間がコントロールしやすい　146
▼複数頭わなに掛かっていても対応可能　147
▼水につけなくていい　148
▼マダニがつかない　150
▼内臓がおいしく食べられる　152
駆除と狩猟は違う　154
楽しく素晴らしい狩猟　157
イノシシの巣窟と化したワイナリー　161
獣の習性を活かした獣害対策　164
獣肉を商売にできないか　166
山奥の素敵なパン屋さん　171
おいしいパンとワインと獣肉と　173

第4章　自然の中で豊かに暮らしたい

たくましい祖母の思い出　178
なりゆきでなった庭師　180
東京への違和感が生まれる　183
仕事の中の「遊び」、森の中の一軒家　187
都会の働き方、田舎の働き方　190
「仕事の成功＝幸せ」の価値観が崩れる　193
自分の心に従って生きる　196
移住先探し　198
全部持って「お試し住宅」へ　201
田舎での仕事とお金　203
田舎暮らしはアンチ資本主義？　207
薪ストーブのある生活　209
心まで温めてくれる薪火　213

喉や胃がほしがるおいしい湧き水 216
自給自足より物々交換 219

第5章 体が喜ぶ獣肉レシピ

シカ肉おすすめレシピ 224
▼シカの一口カツ 224
▼シカ肉のラグーソース 225
▼シカ肉のロースト 227
イノシシ肉おすすめレシピ 229
▼イノシシの骨スープ 229
▼イノシシハム 232
▼イノシシのしゃぶしゃぶ 233
あとがき 236

移住してはじめる狩猟ライフ

――イノシシ・シカ猟で食肉自給率100％

第1章　移住してわな猟をはじめる

移住先で見かけたシカの解体

都会で生活しているとき、毎晩、移住後何をしようか考えていた。田舎暮らしの本を読んだり、薪割りの動画を見たり、薪割り斧はどれを用意しようかとか……。夕食後、お酒を飲みながらそれらを考えるのがとても楽しかった。狩猟のことはぼんやりと「できたらいいかな」くらいに思っていた。

2017年に移住した直後、近所を散歩していると、遠くで何か大きなものが庭先にぶら下がっているのが目に入る。何かな？　と思って近づくと、そこには大きな雌ジカがぶら下がっており、解体されていた。

興味津々で近づき、解体されている方に話しかけてみる。

その方は岡本さんといい、その地区にある猟友会のわな猟の班長さんだった。線路補修工事をされており、厳しい外仕事で鍛えられた大柄でガッチリした体躯をしていた。わな猟のほかにも、野菜づくり、川漁、登山、地域の子どもに自然の素晴らしさを教える活動をされている。

とても親切な方で、話しかけると、こころよく解体作業を見せてくれた。

初めて見るシカはとても大きく見えた。どこにこんな生き物が生息しているか、気になった。

「どこにいたシカだったんですか？」

「わしのすぐ家の裏におったシカや。わなで捕まえたんじゃあ」

意外な答えだった。イメージでは山奥にひっそりと生息しているものだと思っていた。現代の獣は人間のすぐそばで生活しているようだ。

僕が移住した岡山県の集落では、夜になると獣が山から降りてきて農作物を食べたりする被害が出ている。

田んぼの稲を植えた後に、シカがその稲の先端だけ食べる。収穫直前になると、イノシシが田んぼに入り稲穂をしゃぶったりする。

また、道路に出てきて、車が交通事故を起こす原因となることもある。

知人から聞いた嘘のような話がある。夜、車を運転しているとイノシシが飛び出してきて車にぶつかって、車はベッコリ凹んでしまったそうだが、イノシシはなにごともなかったように走り去っていった。

車の被害状況を確認して再び運転を開始した直後、今度はシカが飛び込んできてフロントガラスがバラバラになってしまい、廃車になってしまったそうだ。

ほかにも獣による被害は、田舎に住んでいるとよく聞く。

お肉として食べるのはもちろんだが、そのような被害を防ぐために岡本さんは獣を捕獲（ほかく）されているようだ。

とりあえず取ってみた狩猟免許

岡本さんが使っているのは「くくりわな」という種類のわなだ。

山の中の獣が通っている道を獣道（けものみち）という。獣道にわなを埋めて、獣がそのわなを踏むとワイヤーが飛び出し、獣の足をくくって捉える。獣はそこから逃げられなくなるという仕組みだ。

構造はシンプルで、板とバネ、塩ビパイプ、ワイヤーなどで構成されている。

狩猟というと鉄砲のイメージがあって、ハードルが高そうだった。けれど、このわな猟ならできそうかなと思った。

また、鉄砲猟だと自分の住んでいる地域では大人数でおこなう。集団行動が苦手の自分にとって、一人でもできるわな猟は合っていると思い、興味が湧（わ）いてきた。

解体後の精肉された圧巻の肉量を見せてもらう。20キロぐらいはありそうだ。こんなに大量の食料を自前で用意できるのはすごいなと感じた。とりあえず狩猟免許だけは取ることにした。

現在、狩猟免許は4種類に分かれている。第一種銃猟免許（散弾銃、ライフル銃）、第二種銃猟免許（空気銃）、わな猟免許、網猟（あみりょう）免許だ。僕はこの中のわな猟免許を取得することとした。

免許の取得自体は簡単だった。都道府県へ免許取得を申請し書類を提出。その後、知識試験、適性試験、技能試験からなる狩猟免許試験を受けるという流れだ。

手間取ったのが、申請時に必要な書類の中の、医師の診断書というものを取得することだった。統合失調症、そううつ病、てんかん、麻薬や覚醒（かくせい）剤の中毒者ではないことを証明する書類だ。

そんなものとは無縁の生活をしていたので、すぐに取得できると思っていた。

最寄りの大きい病院の窓口に行き事情を話し、診断書をもらおうとしたのだが、

「うちではそういったものは発行していない」

と冷たく言われ、その一点張りだった。ではどこで取得すればいいのだ、と僕が質問して

いると5人ぐらい集まってきて、なんだか険悪な雰囲気になる。

なんらかの理由でその病院が診断書を出さない方針なのか、もしくは僕の風貌（?）を見てこいつは怪しいと思って断られたのかわからない。

思わぬところでつまずく。

ところが後日、ほかの病院に行ってみると、すんなり発行してくれた。

本格的な精神鑑定みたいなものがあるのかと思っていたが、

「麻薬とかやってないですよね?」

と簡単な質問があっただけだった。なぜ最初に行った病院があそこまで頑なに断ったのか、いまでも疑問が残っている。

狩猟免許は取得したのだが、田舎生活はとても忙しく、日々の生活や仕事である造園業に追われ、狩猟をしたいという気持ちは薄らいでいった。

こんなちっぽけなわなで捕獲できるのか?

自分の住む岡山県のイノシシ・シカ猟の期間は11月15日から翌年3月15日までになる。

まわりの猟師の間では、獣は猟期初めから年内までがよく獲れる。逆に年明けからはあまり獲れなくなると聞いた。

　理由は諸説あるが、警戒心が弱い獣から捕まっていく。それなので年明けには警戒心が強い個体しか残っていない。それがいまのところ、いちばんしっくりくる答えだ。

　つまり捕獲頭数を多くしようと思ったら、11月15日から一気にたくさんわなを掛けることが必要らしい。

　けれど、猟期に入っても仕事が忙しかった。狩猟をはじめるきっかけもないまま12月になってしまった。

　夕方、仕事の帰りにばったり岡本さんに会い、世間話をした。

「狩猟は今年はやらないのか？」と聞かれ、狩猟のことを思い出した。

　田舎生活は思ったよりも忙しかった。また、仕事と並行して狩猟ができるのかも不安だった。

　けれど、せっかく免許を取ったのでやりたいと返事した。そこからわな猟の基本的なことを岡本さんに教えていただいた。


　まず、どこにわなを掛ければいいか。

　法律上は猟師のナワバリみたいなものはない。けれど、暗黙の了解みたいなものは存在する。ほかの猟師がわなを設置している場所の近くには、わなを設置してはいけない。この暗黙の了解の詳細な部分が当初はよく理解できておらず、のちのち苦労することになった。

ほかに、山での歩き方、獣道の見方、わなの設置方法など、基本的なことを親身になって教えてくれ、相談にも乗ってくれた。

それからわなを用意し、わなを掛ける場所を選んだ。結局、年末に初めて、わなを自分の家の裏山に設置することになった。

まず、獣道を見つけなければならない。しかし、素人（しろうと）の僕に、いきなり獣道がわかるわけはなかった。最初だけは教えてくれるとのことで、岡本さんに指示された場所に言われるがまま、とりあえずわなを仕掛けた。

日中、山を歩いても獣を見かけることはほとんどない。

果たして本当に山に獣はいるのか？

こんな10センチ程度の小さいわなを獣の足がピンポイントで踏むのか？

こんなちっぽけなわなで大型哺乳（ほにゅう）類を捕獲できるのか？

獣が捕獲できるかどうか、半信半疑というよりも、ほぼ獲れないと思っていた。

わなを設置してからは、毎日わな場を見回りしなければならない。

わなに掛かった獲物はそこから必死で逃げようとする。時間が経つほど肉が傷む。暴れることによって、衰弱して死んでしまうこともある。

どんなに悪天候だろうが、自分の体調が悪かろうが、毎日見回るのが獣に対しての最低限のマナーだ。それは狩猟をするうえで、いまでも最も大切にしていることだ。

8日目、シカがわなに掛かった

わなを掛けてから8日目の早朝のことだった。

前の晩に雨が降り、12月にしては湿度が高く、庭から見える遠くの山々に珍しくうっすら霧がかかっている。雨後に山に入るのは衣服が濡れ、地面も滑りやすい。気乗りしないまま準備を進める。

家の敷地を出ると、道を隔ててすぐのところが、わなを掛けている裏山になる。

獣が山から降りてこないように、山と道との境界にはワイヤーメッシュ（金属柵）が集落を囲むように設置してある。山に入るには、まずこれを一回外して入らなければならない。

獣害対策のため仕方ないとはいえ、非常に手間だ。せっかくのきれいな山裾の景色も台無しである。ところどころ倒木で壊されており、そもそもワイヤーメッシュが効果的な対策な

写真１　わなに掛かったシカ

のかも疑問だ。

　そんなことを考えながら、ワイヤーメッシュを外し山に入る。しばらく進むと腐葉土の甘く、なんとも言えないいい香りがしてきた。雨後特有の、山の香りだ。

　裏山に見回りで入ろうとすると、「ガサッ、ガサッ！ガサガサッ!!」と耳慣れない音がわなのある方から聞こえる。

　まだ薄暗い森の中に視線を集中させると、そこには雌ジカがこっちをジッと見ながら立っている。触れなくともわかる柔らかな褐色の毛並み。黒真珠を濡らしたような瞳をしてこちらを見ている。

　初めて見る生きた状態での野生の動物の美しさ、神々しさに、思わず見とれた。

わなに掛かっていたのだ（写真1）。

と同時に、これからこの命を絶たなければならないと思ったとたん、心音が大きく聞こえるようになり、手は震えて、唇が乾いてくることに気がつく。

慌ててポケットから携帯を取り出し、すぐに岡本さんに電話した。

「しっ、シカが掛かりました。どうすればいいですか」

情けない声で現状を伝え、岡本さんに救援のお願いをする。

電話を切った後、シカに刺激を与えないようにそっとその場から離れる。岡本さんが到着するまで遠くでシカを眺めながら、「これからこのシカの命を自分が絶つことになるんだ」と言い聞かせる。濡れた落ち葉の上に座り込みながら待つことにした。

獣の命を絶ち、解体する

しばらくして、岡本さんが到着して捕獲作業がはじまった。

岡本さんはまず、使い古された3メートルぐらいのロープを取り出し、先端に輪をつくり、それを投げてシカの首にひっかけた。その後、輪の反対側のロープを木に結びつけて引っ張り、固定する。

これでシカは身動きが取れなくなり、あっけなくその場に横たわってしまった。

「動けなくしたから、首の頸動脈を切れ」

止め刺し（獲物の急所を刺して絶命させること）だ。岡本さんに言われ、汚れひとつない新品のナイフをケースから取り出す。

ナイフを握りしめながら、ゆっくりシカに近づく。横たわっているシカの首もとの前にひざまずいて、指示された頸動脈の位置を何度も確認する。

命のやり取りを覚悟していたつもりだったが、まったくできていなかったことに気がつく。いざ頸動脈を切ろうとすると、胸に何かが流し込まれたように重くなり、さまざまな感情が湧き上がる。心臓が止まってしまうのではないかと思うほど、心音が大きくなる。

獣の命を絶つことを自分はもっと淡々とできると思っていたが、そうではなかった。

このシカの命を止めることによって、何か取り返しのつかない、以前の自分に戻ることはできないような感覚に陥ってしまった。

けれど、わなを仕掛けた以上、シカをこのままにしておくことはできない。

切る位置を何度も確認し、心では迷いながら頸動脈を切る。刃先を通じて、頸動脈を切る感覚が手に伝わる。

その瞬間、落ち葉の絨毯に鮮血が広がっていき、血液が落ち葉の上に滴り、ポタポタという音が聞こえてくる。その光景自体が、いま自分が何をしているのかを語りかけてくるようだった。

頸動脈を切ったからといって、すぐには死なない。シカが絶命するまでの間、その様子を見つめる。

徐々にシカの目から生気が失われていき、たまに大きく口を開けたり、閉じたりする。その間隔がだんだんと長くなり、その後、後ろ足でゆっくり宙を駆けるような動作をする。止め刺しから5分ほど経ち、最後は首から背中にかけてゆっくり背伸びするように、大きく弓反りする動きをした後、動かなくなってしまった。

その間、なぜ自分はわざわざこのようなことをしているのか、なぜこのシカはわなに捕まり死んでしまったのか、ずっと自問自答していた。

絶命後、2人で山からシカを急いで下ろし、自宅まで持ち帰り（ほとんど岡本さんが作業してくれた）、庭先で解体がはじまった。ゴム手袋をし、地面にコンパネ（耐水性のある合板）を敷いて、その上で解体をはじめた。

内臓摘出（てきしゅつ）、皮剝（は）ぎ、精肉を寒空の下でおこなう。

この日は雪がちらつくほど気温は低かった。止め刺し、解体と初めての作業を連続しておこなったが、どれも気軽にできるものではなかった。

心も体も疲れる。それに寒さも加わる。

慣れない作業で、終わりも見えない。岡本さんに手伝ってもらいながら、とにかく作業をやり続けるしかない。

作業がすべて終わったのは、あたりが真っ暗になってからだった。

家に入ると、鼻の奥についた内臓が発酵したにおいや、血のにおいが気になった。早く洗い流したくなり、すぐに風呂の用意をした。

獣を仕留めた後は、達成感や満足感などを強く感じると本で読んだことはあった。が、当時の僕にはまったくなかった。ただただ疲れ、何も考えたくなく、風呂に入った後は布団の中に潜り込んでしまった。

わなを自分で仕掛けてみる

シカを捌いた後も狩猟は続いた。

初めて体験した狩猟は、決して気分のいいものではなかった。だからといって、狩猟をやめる気にもなれなかった。なぜだか、この世界をもう少し見てみたかった。

岡本さんに「次は自分が思ったところにわなを仕掛けろ」と言われ、そうすることにした。裏山では岡本さんがすでにどの場所に仕掛けたら獣が捕獲しやすいか、教えてくれていた。

しかし、それでは自分で捕獲したことにはならない。

別の場所に仕掛けることにした。軽トラックで家から近くの山裾を見て回る。きれいな落葉広葉樹主体の山を見つけ、ふと、ここにわなを設置してみようと思った。

その山には登山道がついており、途中まで車が入れる幅３メートルのアスファルト舗装された道路がついていた。ずいぶん昔につくられた道路のようで、ところどころ壊れている。

わなに掛かる獣の大きさは自分で選べない。大きいものだと１００キロを超える獣を運び出すことになる。わなを掛ける場所は、車が近くまで入れることが必須条件だった。

しばらくその道路を走り、路肩に停車できそうな場所を見つけて車を降りる。わなを仕掛ける場所を選ぶため、歩いてゆっくり見回る。

まず目に入ってきたのは、苔むした大きい石だ。それが木々の間にたくさん置かれている。その山が北斜面ということもあって、苔が生えているのは理解できた。

しかし、なぜこんなに石が点在しているのか不思議に思った。あとで集落の人に聞いてみたところ、昔、山頂に山城があり、そのときの工事で出たものではないかと教えてくれた。

山といってもその中にさまざまな景色があり、すべて同じ景色ではない。水辺、岩場、常(じょう)緑樹(りょくじゅ)が多いところ、落葉樹が多いところ、それらが混在しているところ——歩きながら、それらが刻々と変化していく様子を見るのも狩猟の楽しみである。

しばらく歩くと、美しいナラ林を見つけた。ほとんどが株立ち（根元から複数の幹が立ち上がっている樹形）だった。一度切られた跡もある。

おそらく昔は燃料にするため管理された林だったのだろう。化石燃料が使われはじめた頃から、それが放置され立派なナラ林に変化していったと考える。

冬で葉っぱが落ちきっており、株元に敷き詰められた落ち葉や、苔むした石を照らすように、柔らかな木漏れ日がさしている。

わな猟は毎日見回りをしなければならない。どうせわなを設置するなら、このような美しい場所にしたいと思い、そのナラ林に設置することにした。

その林の樹間は2～5メートル。樹種はナラ主体で、アカマツ、アラカシ、その下層にアオダモ、ヒサカキが生えている。その間を１００～５００キロ程度の苔むした石が敷き詰められたような特殊な形状で、まるで人がつくり出した庭園のような林だった。

獣は人間と一緒で、障害物などがない歩きやすいところを通る。歩きにくい石の上などは決して好んで歩かない。

この林は石が多くあるおかげで、それらを避けて歩こうとして獣が通る場所が限定されていた。そのおかげで一つの獣道に対して獣の交通量が多くなり、ほかの獣道より獣が歩いているのがはっきりとよくわかるものがあった。

そうした濃い獣道は、地域によって違うとは思うが、獣の交通量によって呼び名が変わる。いちばん交通量が多い獣道の順に「国道、県道、町道」などと呼ばれる。

僕が見つけた獣道は「国道」だった。当然、捕獲できる確率は高い。

くくりわなを仕掛ける場所

獣道のどこにわなを仕掛けるかも大切、と岡本さんには指導を受けた。

自分が使っているくくりわなはステンレス製で、本体は弁当箱の蓋のような踏み板、そのほかにバネ（わなの動力となる）、ワイヤー、より戻し（ワイヤーのよじれ防止）、塩ビパイプ、ストッパーなどで構成されている（写真２）。

踏み板（約11×15センチ）にはワイヤーを固定する溝が加工されており、そこに鋼鉄製の４ミリのワイヤーをセットする。その状態でワイヤーを通してあるバネを圧縮し、テンション（張力）をかけた状態にしてストッパーで固定する。

そして獣道に穴を掘り、わなを固定する木枠をセットして、その上に踏み板を置く。最後に土をかぶせカモフラージュする。

わなを踏むとワイヤーが飛び出し、獲物の足をくくって捉える。そのワイヤーの先端は木に固定されており、その場から動けなくなるという仕組みだ。

ワイヤーを固定する木は何でもいいわけではない。細すぎると獣の力によって根っこごと引っこ抜かれて逃げられたり、捕獲時に折れたりすれば獣に襲われる恐れがある。

逆に、太すぎると木がしならない。逃れようと獣が暴れる衝撃がワイヤーや獣の足に直接伝わることによって、ワイヤーが切れたり、獣が自らの足を引きちぎって逃げたりすることもある。

それゆえ、獣道の近くによくしなり、獣の逃げようとする力に耐えることができる木が生えている必要がある。

教わったことを頭の中で何度も思い返しながら、わなを掛ける場所を探す。ちょうどいい太さのカシの木を見つけ、その近くにわなを設置することにした。

スコップで土を掘り、わなをその掘った土で隠し、ワイヤーを木にくくりつけてその場を後にした。

写真2　上左：くくりわなの各パーツ。上右：木枠にセットした状態。中央の踏み板を踏むとワイヤーが飛び出す。下：ワイヤーにくくられた状態

わなを掛けた直後、岡本さんにすぐに電話をした。

「どこの山の、こういった場所に、このようにわなを仕掛けた」ということを、なぜか伝えたくなったからだった。「そうか、そうか」と聞いてくれた

それからは毎朝、見回りの日々だった。わな場を確認し、獣がいなければ仕事に行くことを繰り返す。

たまに岡本さんから電話がかかってきて、「獲れたか?」と聞かれ、「何も掛かりません」と答える。そのやり取りも、猟師の仲間に少し入れてもらえたような気がしてうれしかった。会話の中で、「万が一イノシシがかかったら必ず連絡するように」と言われた。

イノシシはシカと違って、わなに掛かった状態でも人間に向かってくる。捕獲作業中、暴れてワイヤーを切られ、大怪我(おおけが)をした人を何人も知っていると忠告された。

その話を聞いても、あまり深刻には受け止めなかった。なぜなら、イノシシは警戒心が強く、狩猟をはじめてすぐの素人がわなを掛けても捕まるものではないとも言われたからだ。狩猟の本を読んでいても、初めてイノシシを捕まえたのは3年目の猟期という記述があったりしたので、自分のわなにイノシシが掛かることはまずないと思い込んでいた。

90キロの大イノシシが掛かってしまった

9日目の朝、同じように見回りに行く。わな場に着き車を降りると、この日はやけに静かで、鳥の声がいつもより小さく感じた。

しばらく歩き、わながある場所を見る。そこだけ円形状に落ち葉がなくなっており、剝き出しの真っ赤な湿った赤土が見え、その真ん中に昨日まではなかった大きな岩のようなものが据えてある。明らかににその周辺だけ異質だ。

「あんなところに岩なんてあったかな？」と思った瞬間、その岩がグラッと動いた。

よく見ると大きいイノシシだった。よりによって大イノシシが自分のわなに掛かってしまったのだ。推定90キロ以上はある。

わなのワイヤーが足先や蹄などに掛かっていることもある。すっぽ抜けて逃げられる場合があるので、少しだけ近づいて様子を見てみる。

イノシシが逃げようと暴れた結果、重機で掘ったような大きなくぼみができ、まわりの木がなぎ倒されている。

もう少し近づこうと思うが、見えない壁が自分の前にあるようで近づけない。恐怖で足がる。

地面に張りついたように動かないのだ。本能が「危険だからこれ以上近づくな」と言ってく

イノシシに気づかれないように少しずつ後ずさりをして、車に戻り岡本さんに急いで電話をかける。

しかし、何度かけても電話がつながらない。

あのイノシシをこのままにはしておけないし、かといって、自分一人で捕獲することは文字どおり自殺行為だ。居ても立ってもいられなかったが、折り返し電話がかかってくるまで、車の中でとりあえず待機することにした。

1時間ほどして岡本さんから電話がかかってきた。「いまスキーを子どもに教えているところで帰りが夕方になる。それまでは決してイノシシに近づかないように」と強く言われた。気が気ではなかったがひとまず家に帰り、岡本さんの帰りを待つことにした。

合流したのは18時前で、あたりは真っ暗になっていた。

岡本さんにイノシシの大きさ、わなに掛かった状態を興奮気味に説明すると、「わかった、わかった」となだめてくれた。

イノシシが待っている山の中に向かう。わな場に到着し車を降りるが、山中特有の暗闇に

包まれ、それだけで気持ちが滅入ってくる。これからあのイノシシと対峙しなければならないと思うと、腹が冷たくなってくる。

一方、岡本さんは鼻歌が聞こえてきそうなリズムで、竹竿、ワイヤーなどの捕獲道具の準備を進めていた。自分がもたもた準備をしていると、

「はよせんと夜が明けてしまうでぇ」

と言い、暗闇の林にヘッドライトを照らしながらスッと入ってしまった。はぐれないように急いで後を追う。

真っ暗の中、ヘッドライトの明かりを頼りにしてしばらく歩く。

すると突然、暗闇の中から生木が折れるような「バキッ！　バキバキ！」という大きい音と獣の唸り声が聞こえてくる。

イノシシがこちらの気配を感じ取って暴れているのだ。その音を聞いただけで、生きた心地がしなくなってきた。

さらにその音のする方へと進み、わなのある場所へライトを照らすと、黒く大きいイノシシがこちらを睨んでいた。

目は爛々と赤く光り、背中のたてがみが怒りで震えながら逆立っている。口から白い息を吐きながら、歯をカチカチ鳴らし威嚇している。

「化け物というのはこの世に存在する」

と初めて思った。

こちらに向けられた殺気、イノシシ自身の、このような状況になってしまった自分に対する怒りで、その場の空気が張り裂けそうな緊張感で包まれていた。

恐怖心で腰が抜ける

イノシシの右前足に、わなの4ミリの鋼（はがね）のワイヤーが掛かっており、木に固定されている。それが切れない限り、こちらに向かってくることはない。

けれども、その状態でも何度も「ドッ！　ドドッ！」と地響きを立てながらこちらに突進し、そのたびにワイヤーがピンと音を立てて張る（写真3）。

初めて4ミリのワイヤーを見たとき、「こんなに太いものを突進力で切れるのか？」と思ったが、いまの状況を見ると簡単に切ってしまいそうで、ワイヤーがなんとも頼りなく思える。

それらの恐怖心から、半分腰が抜けてしまった。

気づいたら太いナラの木の後ろに隠れ、岡本さんには申し訳なかったが、イノシシを眺めることしかできなかった。

僕が完全にイノシシに降参しているなか、岡本さんの捕獲準備が始まる。イノシシの武器は口を使い噛みつくことなので、まず口を塞ぐ必要がある。3メートルぐらいの竹の先端にワイヤーで輪っかを作ったものをひっかけ、上顎と下顎をその輪っかに通してふさぐという作戦だ。

イノシシもそのワイヤーが自分の動きを制限する危険なものと認識しており、なかなかうまくいかない。そのワイヤーに噛みついたりして塞ぐのを邪魔するのだ。

写真3　イノシシの捕獲時。後ろ足と口をワイヤーで捉えられながらも、突進しようと暴れる

何度かトライして口を塞いだ。口を塞いだワイヤーは、わなを固定している木と反対方向の木に固定する。これでイノシシの動きがかなり制限される。

次に、イノシシを気絶させるためのハンマーをバッグから取り出す。岡本さんは、

「次に自分でやるときはここを狙えよ～」

とイノシシの頭部を指差して、そこを力一杯どついた。それぐらいではびくともしない。5回ぐらいどついた後、イノシシが大きく叫びながら崩れていった。

その後素早くナイフを取り出し、イノシシの胸のあたりを突く。心臓の動きと連動するように胸から血液が勢いよく流れ出していき、まわりに血溜まりができていく。

自分はイノシシがその状態になって、ようやく近づくことができた。絶命した後のイノシシの目を見ると、無念さと怒りで満ちていた。

自分が仕掛けたわなに掛かったイノシシなのに、ただ隠れて見ていることしかできなかった。作業をすべて任せた岡本さんには当然だが、目の前で横たわっているイノシシにも非常に申し訳ない気持ちでいっぱいだった。

時刻は20時近くになっていた。この日は内臓出しだけやって、後日、皮剥ぎ、精肉をすることにした。

内臓を出した後、近くの溜め池まで、２人で汗だくになりながらイノシシを引きずり、冷たい水の中に沈める。冷やして肉の劣化を防ぐためだ。

岡本さんにお礼を言って、この日の作業は終わった。

家に帰ってからもイノシシと対峙した恐怖心が残っており、その日はなかなか寝つけなかった。

苦労して獲ったお肉だが……

翌日、早朝にイノシシを沈めてある池まで車で向かった。冬の溜め池の水の冷たさに驚きながら、浸かっているイノシシを引き上げ、車に積み込む。その後、庭先で解体をはじめた。

解体作業でいちばん大変なのが皮剥ぎだ（写真４）。冬のイノシシは体全体が白い脂で覆われており、これが美味である。それゆえ、その脂を肉側に残し、皮につけることなく剥がなければならない。

これが非常に難しい。左手で皮を持ち、引っ張りながらナイフで脂と皮の間を剥いでいくわけだが、少し加減を間違えると皮を破いてしまったり、肉を傷つけてしまう。

集中力が何度も途切れそうになるが、捕獲時にこのイノシシと向き合えなかったぶん、解体は丁寧にしようと思い作業を進める。

作業を開始して2時間経ったところで、岡本さんが解体を手伝いに来てくれた。せめて解体だけは自分一人でおこないたい気持ちはあったが、素直にお願いすることにした。

皮剝ぎ中も狩猟のことをいろいろ質問しながら進めたので、いつの間にか終わってしまった。その後、骨から肉を外し、それぞれの部位に切り分けて冷蔵庫に入れる。

冷蔵庫がイノシシの肉でいっぱいになった。

その日の夕食はイノシシの試食会になった。

まず焼いて食べてみた。臭(くさ)くはないが硬く、旨(うま)み、風味がない。これならスーパーで売っている安い豚肉の方がよっぽどおいしいと思ってしまった。

けれど、岡本さんに手伝ってもらいながらも、苦労して自分で用意したお肉だ。なんとか自分に言い聞かせながら、「このイノシシは最高だ」と思い込んで食べ続ける。

調理の仕方を変えて食べてみる。薄くスライスしてすき焼きにしてみた。結果は同じで、タレの味しかしない。食べられなくはないが、決しておいしいと言えるものではなかった。

妻は優しさから「おいしいね」と言ってくれていたが、箸(はし)が進んでいなかった。この反応はシカを食べたときも同じであった。

写真4　イノシシの皮剝ぎをする著者（左）。皮を剝がれたイノシシの肉（上）

狩猟は家を長時間空ける作業だ。その間は家事や子育てはすべて妻が引き受けてくれることになる。妻が喜んでくれるお肉を用意することができなければ、ただの自己満足であり、家庭を持つ身として狩猟を続けることはできない。

しかも、妻の実家は食品関係の店を営(いとな)んでいて、小さい頃から質のいい食品を食べて育った人間だ。そのため、味やにおいには非常に敏感であった。

今年と同じことをしていては、来年も妻が食べてくれるお肉は獲れないことに気がついてしまった。

ほかの猟師さんが獲ったお肉も食べてみたが、妻の箸は進んでいなかった。自分の技術はもちろんだが、くくりわなから食肉にするまでの過程に問題があるのではないかと思いはじめた。

生け獲り猟を知る

何かいい方法はないか、狩猟に関する情報を集めることにした。

まず、狩猟に関する本を読んでみた。狩猟の体験や技術的なことは書いてあるのだが、肉質のことまで書いてある本を自分は探すことができなかった。

次にネットで情報を探してみる。ググってみても肉質のことまで言及している情報は出てこない。YouTubeを見ているとさまざまな狩猟の情報が載っていたが、多くは凄惨（せいさん）な動画で自分が見たいものはなかった。

そんなとき、たまたまYouTubeにある動画を見つける。

60歳ぐらいの男性が100キロ以上はあろうかというイノシシを、一人でロープを使って四肢（しし）を縛（しば）り、生け獲りにして車に積み込んでいるのだ。

度肝（どぎも）を抜かれるとはこのことである。

先日のイノシシ捕獲で腰が抜けていた自分からしたら、命がいくつあっても足りない作業だと思った。まさしく命懸けだ。

解体場所に持って帰ってから、イノシシを仰向けにさせ、槍（やり）を使い目にも止まらない速さで心臓をひと突きにして絶命させる。一連の作業のあまりの手際のよさ、鮮やかさが、僕の体験した狩猟とまったく違い驚愕（きょうがく）した。

解体中の肉の色もいままで見た獣肉の色とは違い、一つ一つの部位がまだ生きているように輝いて見える。画面越しでもしっとりとした肉質のよさが伝わり、このお肉なら妻が喜んでくれると確信した。

動画に写っていたのは片桐邦雄さんという方だった。静岡県浜松市で竹染という寿司割烹を経営しておられ、そこで出されるシカ肉やイノシシ肉は自ら山から獲ってきたものだ。

ほかにも、動画内で片桐さんの自然に対しての付き合い方や哲学を語っておられ、深く共感した。

片桐さん自身の生き方に強く憧れ、獣を生きたまま持って帰る「生け獲り」という猟法に興味が湧いた。だが、まともに獣と対峙できない自分が体験できる世界ではないと思い、そのときは挑戦しようとすら思わなかった。

それからいまの自分の実力にあった猟法で、なおかつ肉質がよくなる手段を探したがこれといったものが見つからない。

妻の獣肉に対するイメージをよくしてもらおうと、近県のジビエ料理店何軒かに連れていったが、まったくの逆効果だった。自分が食べてもおいしいとは思えなかった。

探している最中も、片桐さんの猟法を超えるものはないのではないかとつねに思っていた。片桐さんは自ら狩猟しそれを調理してお店に出しているので、獣肉の品質に関してはプロだ。その人が選んでいる猟法なら間違いないのは明らかである。これはどう考えても無視できなかった。

　このまま普通のくくりわな猟を続けて、獣と対峙することに慣れてきてから生け獲りに挑戦してみたいと思った。しかし、獣にとっては自分と対峙できるのは一回きりだ。自分が慣れるまでの間に捕まる獣は、生け獲り猟のための練習台のような扱いになる気がして、それがどうしても許せなかった。

　今年捕獲したシカやイノシシはおいしいお肉にできなかった。それがとても心残りだった。片桐さんのように全力で獣と対峙し、美しくおいしいお肉にする狩猟をしてみたくなった。

「来季は一人で生け獲り猟に挑戦しよう」

　猟期1年目の終わりに、そう決心した。

▼1年目の成果＝シカ1頭、イノシシ1頭

第2章　狩猟で変わる心と体

単独生け獲り猟をはじめる

朝5時半に起き、まず薪ストーブの火をおこす準備をする。猟期2年目のこの年は特に寒く、朝方はマイナス5度になっていることも珍しくなかった。

薪ストーブの熾が灰の中に埋もれているので、それらを探し出し1ヵ所に集める。油の多いアカマツの小枝を乾燥させたものを熾の近くに置き、その隣にスギの小割りしたものを置くと一気に燃えだす。

狭いわが家では15分もすると、家全体が薄着で過ごせるほど暖かくなる。

天板にコーヒーを淹れるためのポットを置き、湯が沸くまで妻子を起こさないように身支度をすませる。10分もすれば、ポットの口から勢いよく湯気が出る。

気持ちが焦っていると、コーヒーを淹れるときに湯をこぼしたり、淹れ方が雑になる。気持ちが落ち着いているとすんなりと抽出でき、おいしい味に仕上がって気分もいい。

コーヒーを淹れる作業は、その日の自分の状態を測る習慣になっている。

玄関の扉を開け、コーヒーを片手に庭を歩きながら、日々変わる冬山の景色を眺める。今日はどこの山から見回りをしようかを考える。

２年目は11月15日から狩猟をはじめた。

岡本さんには、今年は一人で狩猟をすることを猟期前に伝えた。「生け獲り」というまわりでは誰も知らない特殊な猟法をすると決めた。それに付き合ってもらうのは、安全面や他の猟師からの評判などで迷惑がかかる可能性があったからだ。

とても心配して、少し寂しそうに「くれぐれも気をつけるように」と言ってくれ、申し訳ない気持ちでいっぱいになった。

また、取り寄せた片桐さんのことを書いた本に、

「捕獲から解体まですべて一人でおこなって、初めて狩猟と呼べる」

とあって、その真意を知りたかったからだ。

当然だが、近くに生け獲りを教えてくれる人はいない。片桐さんに連絡をとり教えていただけないかとも思ったが、自分がプロの猟師になろうとしているならまだしも、自家消費のための狩猟なのだ。

片桐さんの生け獲りの動画が公開されているので、それを使って勉強し、自分で生け獲りを経験してみて、それでもわからない部分を整理してから教えを請うのが筋だろうと思った。

猟期前に片桐さんの本や動画で、捕獲方法、わなの設置、解体などを何度も何度もイメー

ジトレーニングした。

わなの見回りは家から近い方が楽なので、今季初のわなは裏山に仕掛けることにした。わなは全部で5個掛けることにした。

わなを設置する装備も、片桐さんの真似(まね)をして今季から新調してある。

去年までは大きいバケツに道具を入れて、それを片手に山に入っていたが、今年はリュックと大工が使うような腰道具ベルトにすべての道具を収納し、両手が自由に使える状態で山に入る。

これがすこぶる調子がいい。両手が使えるので急な斜面において、上りも下りも生えている樹木を摑(つか)み、体を支えながら移動ができ動きやすい。初めは片桐さんの装備が少し仰々(ぎょうぎょう)しく思えたが、山に入るとすぐに納得した。

わなを仕掛ける場所を決めて、穴を掘り出す。

使う道具は穴を掘るクワ、根っこを切るハサミ、ノコギリ、わなを設置したあと自然に仕上げるためのハケが主なものだ。それらは腰道具に収納されており、それぞれに紛失防止のためコードがついている。これも片桐さんの真似だ。

これまでは山での忘れ物や失くし物が多かった。バケツの中に道具を入れて運ぶと、自分が転んだりしたときにどうしても中身が落ちてしまう。転ばなくても、ちょっとした弾みで落としたり、わなを設置しているときに失くしてしまうことが多かった。山の中での道具の管理に気を取られていた。

今年からはこの装備のおかげでそんなことはなく、そのぶん獣道の探索などに集中できる。

獣道にわなを仕掛け、隠す

裏山でのわなの設置を終えて、次は去年イノシシを捕まえたナラ林に移動した。約1年ぶりにイノシシを捕まえた現場に行くと、だいぶ風化していたが、その周囲だけ落ち葉が少なく、土の色も違い、まだイノシシが暴れ回った跡が少し残っていた。

そのときのことを思い出して、少し緊張する。

何かの獣(けもの)の足跡もあり、もう一回そこにわなを仕掛けようかと思ったが、万が一またあのようなイノシシが掛かったらと思うと怖くなり、別の場所にすることにした。

わなに掛かる獣の種類、大きさなどはこちらでコントロールすることはできない。それでも勝手な考えだが、初めて生け獲るなら危険性の少ない小さいシカがいいと思った。

そこから50メートルほど離れたところに、濃い獣道を見つけた（写真５）。

写真5　濃い獣道の例。獣がよく歩く跡が筋になっている

　山側に向かって左に溜め池があり、右にはナラ林が生えている。その間に昔、薪の搬出に使われていた細い道の跡があった。歩くことは容易にできるが、ところどころ腕ぐらいの太さの倒木で塞がれており、地面は落ち葉で覆われている。

　そこには猟師経験の浅い自分でもわかるくらい、しっかりした獣の足跡がいくつもあり、ここなら期待できそうだった。

　わなを設置するために、上面の乾いた落ち葉を除けると、その下には湿った落ち葉が堆積している。それらを取り除くと次は、その落ち葉が黒い腐葉土となっている層になり、さらにそれを取り除くと、黄色い真砂土の層が出てくる。

　地面から15センチ下ぐらいまで掘り取る。わなを固定するための木枠を設置し、わなを仕掛ける。

片桐さんの動画を思い出しながら、見よう見まねで違和感のないように落ち葉などでわなを隠す。

あまり時間をかけすぎると、自分自身の体臭が残り獣にわながバレやすくなるので、急いで作業を進める。けれど、わなを隠すために置いた落ち葉一つ一つの置き方が不自然に見えて、獣に感づかれてしまうのではないかと気になってしまい、なかなかこれでよしとはならない。

時間はかかってしまったが、最後に遠目から見て「よし、違和感はない」と無理やり自分に言い聞かせ、その場を後にした。

シカ生け獲りに一人で向かう

自分の住んでいる集落は棚田が広がっており、猟期のときは米の収穫が終わっている。収穫後は広々とした平場になる。

棚田の間を縫うように道路がつくられており、そこを通って軽トラックでわな場に向かう。

途中、棚田の真ん中を突っ切って通るところがあるが、そこから見える景色が毎日の楽しみでもある。

棚田の石積みの上にはびっしりと砂苔（すなごけ）が広がっていて、それらが朝露（あさつゆ）で濡（ぬ）れている。棚田越しにまだ青白い霧（きり）のかかった遠くの山々が見え、日に日に紅葉が進んでいく様子が感じられる。

その山の麓（ふもと）にもわなが仕掛けてあった。

獣がわなに掛かっているかどうかは、遠くから目視で確認するようにしている。確認のたびにわなに近づいては人間の痕跡（こんせき）が周辺に残り、獣がわなに掛かりづらくなると言われているからだ。

また、この時期は獣の毛皮の色と落ち葉が保護色になっており、わなに掛かっているのに見落としてしまうことがあるらしい。イノシシがわなに掛かっているのに、それに気づかない猟師がわなの近くまで様子を見に行き、逆襲をくらうという事故もある。

用心深く見て、獣がいなければ造園の仕事に向かうという生活をしていた。

しかし、いつもより仕事に身が入らない。冬山の景色の美しさや五感を研（と）ぎ澄（す）ませ獣道を探索する作業に比べて、庭仕事はとても退屈（たいくつ）に感じた。

わなを仕掛けて5日目の朝、わな場にいつもどおり到着する。車から降りてわなのあるところに近づくと、「バキッ！　バキバキッ！」と枝が折れる音とともに、大きい何かが地面を強く蹴り上げる音がする。

獣がわなに掛かっているのは間違いない。

今回は一人で捕獲作業をしなければならない。「落ち着け、落ち着け」と自分に言い聞かせながらゆっくり近づく。

遠くからわな場を見ると、大きい何かがいる。

動物図鑑に載っているようなわかりやすい状態でわなに掛かっていてくれれば、すぐに獣の判別はできる。しかし、山は基本的に見通しが悪く、遠目ではわなに掛かっている獣の頭や背中の一部しか見えないことがあり、すぐには判別できない。

しばらくすると、木々の隙間から愛らしく大きい瞳が見えた。推定50キロの雌ジカだ。

猟期前に覚悟はしていたつもりだったが、見た瞬間、このシカを自分が仕留めてよいものか迷った。

去年は岡本さんの協力のもとでの狩猟だった。今回はすべて自分の意思でわなを掛けて捕獲することになる。この後、止め刺しをして、このシカのすべてを自分が引き受けなければならない。果たしてそれに耐えることができるだろうか。

一人でおこなう狩猟は去年とは比較にならないほど、心の中で大きい葛藤があることに気づく。

けれど、ここで獣と向き合わなければ、去年のシカやイノシシにどこか申し訳ないような気がしたのと、この先一生狩猟はできないだろうと思い、捕獲作業に入った。

必死に抵抗するシカ、必死の捕獲

雌ジカの武器は強靭（きょうじん）な脚力だ。硬い蹄（ひづめ）でお腹を蹴られれば内臓破裂（はれつ）、顔なら失明してしまう可能性もある。まず、遠くからシカの動きの様子を見ることにした。

逃げる素振りも見せず、イノシシと違ってこちらに向かってくることもなく、こちらをじっと見ている。無垢（むく）な瞳と目が合い、心の中で何かがざわつきはじめるが、それが思考や感情に届く前に落ち着かせる。

少しずつ近づいていくと、急に逃げるような動作をはじめた。前足をワイヤーで捉えられているが、そのことを忘れているかのように勢いよく駆けはじめた。

けれど、ワイヤーが伸びきったところで、シカ自身が逃げようとした反動で倒れ込んでしまった。すぐに立ち上がると思ったのだが、なかなか起き上がらない。

いまがチャンスなのかもしれないと思い、近づいていく。

シカの蹴りが強いのは後ろ足なので、まずこれを手摑みしロープで足を縛り、動きを制限する必要がある。手で摑もうと思った瞬間、「ブオッン！」という音とともに後ろ足を大きく動かし蹴る動作をした。

慌てて離れるが、しばらくすごい勢いで宙を蹴り続ける。あれをくらったら痛いだけではすまない。しばらく離れたところから様子を見る。

その動作をやめた瞬間、左後ろ足を摑んだ。再び暴れ出したが、蹴られないように自分の体の位置や体勢を変えながら、両後ろ足をなんとか結ぶ。

シカはそんな状態になりながらも、体全体を使いながら結ばれた両足で必死に蹴って抵抗する。摑んだ足を離してしまいそうになるのを必死にこらえる。興奮と緊張ででたらめな結び方ながら、震える手でそれぞれの足を結び完全に動けなくした。

その後、視界を塞ぎ落ち着かせるため、ガムテープで目隠しをする。これは片桐さんの本で学んだことだ。静寂な森の中に、ガムテープのビリビリという異音が響き渡る。目隠しをすると、いままで抵抗していたシカが、嘘のようにおとなしくなった。

ひとまず捕獲が完了したので、山に向かって一礼し、山の恵みに感謝する。これも片桐さんの真似だ。

写真6　初めて生け捕ったシカを運ぶ

この獣を次は車まで運ばなければならない。

四肢を結んだところに自分の肩を入れ、持ち上げる（写真6）。50キロの重みが片肩にかかり痛みを感じるが、それよりもシカの柔らかな体と体温、心地よい毛ざわりの方が服を通じて強く伝わってきた。

いま山から運び出そうとしているのは、まぎれもなく自分と同じ生き物だと伝わってくる。

同時に、「早くこの獲物を妻に見せたい」という気持ちがどこからか湧いてくる。

軽トラックに積み込み、水を飲み一息つく。

荷台に載せられたシカは、寝ているのではないかと思うほどおとなしい。本当に寝てしまったのではないかと思いながら、シカに刺激を与えないように家までいつもより低速で運転をして、今年自作した簡素な解体小屋にそのシカを置いた。

時計は午前10時を回っていた。片桐さんの本の中では夕方以降に止め刺しする描写が多かったため、それまで待つことにした。

止め刺しがうまくできない

18時を過ぎ、日が暮れた後の集落は静まり返っている。小屋で解体の準備を進めながらシカの様子を見ると、いまだに寝ているかのようにおとなしい。

片桐さんの止め刺しは、槍（やり）を使い心臓に穴を開け失血死させる方法だ。自分も見よう見まねだが同じやり方をするようにした。

刺しやすいように、小屋の梁（はり）に固定させたチェーンブロック（鎖と滑車で重量物を吊（つ）り上げ・吊り下げする機器）を使い、シカの四肢を上から吊ってコンクリートの床に仰向けにさせる。

ノートパソコンを小屋の中に持ち込み、片桐さんの止め刺し動画を直前まで何回も見た。失敗は許されない。

頭の中で想像した心臓の位置に、狙いを定めて刺そうとするが、本当にこの位置であっているか不安になり、もう一度片桐さんの動画を見直す。これを何回も繰り返した後に、刃先をシカの心臓めがけて滑り込ませた。

驚くほどすんなりとシカの体内に入っていく。外からは心臓に穴があいたかどうか、わからない。シカは少しピクッと動いたが、何事もなかったかのようにしている。

片桐さんのことが書かれた本では「槍のひと刺しで心臓に小さな穴をあけられたシシは失血を進めながら、二十~三十分後には全身の血液を胸腔(きょうこう)にため込んだ状態で、事切れる」とあった。シカでも同じかと思い、とりあえずそれまで様子を見ることにした。

しかし、30分経っても絶命する様子はない。

刺す位置を間違えていた。

もう一回刺すか迷うが、できることならそのようなことはしたくない。「あと数分経ったら絶命するかもしれない」と自分勝手な期待をしながら待つことにした。

刺してから40分経っても絶命する様子は見られない。

非常にやりたくはないが、もう一度刺す必要がある。

申し訳なさから投げ出したくなるような気持ちになるが、シカはすでに刺されているのである。そんな泣き言はいまさら言っていられない。

もう一度確認してから、槍で刺した。

まるで自分が刺されているかのように、胸に鋭い痛みが走った。

止め刺しのときに苦しませてしまうことは最もやりたくなかった。それをやってしまっている自分を責めながら、シカを眺める。謝ることも、途中でやめることもできない。

そんなことを考えながら結局、最初に刺してから1時間が経った。しかし、いっこうにシカが絶命する気配は見られなかった。

自分の中では片桐さんと同じところを刺しているつもりなのだが、まったく違うようだ。もう一度確認して刺す（写真7）。

写真7　シカの心臓の止め刺し跡

その瞬間、大きな雄叫びをあげて、シカが首を少し持ち上げた。

その後の様子を見ても、いままでと少し様子が違う。10分ぐらい経った頃から、口を開けながら呼吸するようになり、徐々にそれが大きくなる。

そして、体を痙攣させた後、大きく体を反らせて動かなくなった。

目隠しをしてあるガムテープを取り、

瞳孔(どうこう)が開いているのを確認する。

合計で3回もこのシカを刺した。

不必要に痛みを与えてしまった自分の不甲斐(ふがい)なさ、未熟さに手を止めて考え込んでしまいたくなるが、すぐに内臓を取り出さなければ肉質に悪影響が出る。

すべての感情は押し殺し、急いで解体台にシカを仰向けに置いて、内臓を取り出す作業をはじめる。

皮剝(かわは)ぎ、精肉と作業を進める間も、止め刺しに失敗してしまったことを何度も後悔(こうかい)し、思い出しながら手を動かした。

狩猟を続けていいのかという葛藤

翌朝起きて、昨日のシカを3回も刺してしまったことを思い出す。いまの自分には狩猟をやる資格がないと思い、わなをすべて外した。

自分が猟期前にもっと止め刺しのことを調べておけば、あのシカはあんなに刺されることはなかった。

猟期前、自分が家族と団欒している時間、寝ている時間などをもっとそれに割くことはできたはず、と自分を責め続け、日に日にその気持ちは大きくなっていった。

仕事へ向かう車の途中も、そのことをずっと考えてしまう。

山で暮らしている美しい獣を獲って食べて、命を繋ぐほど、自分には価値があるのか。

お肉を食べないと生きていけないわけではない。シカを苦しませ、そのことによって自分もこんな感情になってまで、狩猟をやる必要があるのかと思った。

お肉を食べることへの抵抗感も出てきた。スーパーのお肉も食べず、菜食主義者になることも考えた。

しかし、自分は植物を扱う仕事をしており、日々接していると植物にも命があることを実感することもある。

また、「自分が購入する野菜をつくってくれている農家の方がお肉を食べて、そのエネルギーで野菜をつくってくれたなら、自分はお肉を食べていないことにならないのか？」とも考え悩んだ。

狩猟を続けるかやめるか、いくら考えても納得のいく答えは出なかった。

まわりで狩猟免許を取っても実際に狩猟を続ける人は少ないと聞いていたが、こういった悩みを抱えてやめていくのだろう。

しかし、片桐さんは何千頭と獣を仕留めている。

なぜそこまで狩猟を続けることができるのか？　どういう考え方で狩猟に取り組んでおられるか知りたく、すがるような気持ちであらためて片桐さんの動画や本を見直すことにした。

お肉を食べて、命が繫がってきた

動画の中で片桐さんはこんな発言をされていた。

「自分たちの祖先はイノシシやシカなどのお肉を食べて自分たちの命を繫いできてくれた」

シカを一頭自分で捌いてみて実感したことは、予想以上の量のお肉が取れることだ。シカでもイノシシでも成体であれば、一頭分のお肉で自分の家族（大人2人、子ども2人）が、1ヵ月かそれ以上は毎日お肉を食べることができる。

それに対して、獣をお肉にするための作業時間は、わなを掛けることも含めて丸一日もかかっていないこともある。

自然から糧を得る方法は魚釣り、山菜採りなどほかにもあるが、同じ時間をかけてもたいした量の食材は得られない。シカやイノシシなどの大型哺乳類の捕獲は、自然界から食料をいただくためにもっとも効率的な方法だ。

いまはスーパーやコンビニ、ウーバーイーツなどもあり、寝転がっていても食べ物を口に運べる時代だ。しかし、物流が発展しておらず、自分の近くにあるものを食べるしかない時代、獣肉は人間の大切な栄養源になっていたはずだ。

自分の祖先もこれらのお肉を食べて命を繋いできてくれた。

いま自分が生きているのは、その狩猟という行為のおかげである。

スーパーの白いトレーの上に載ったお肉しか見てこなかった自分は、狩猟をはじめるまでそのことに気がつかなかった。

現代はわざわざ狩猟をしなくても生きていける。

しかし、自分にとって都合が悪かったことは見なかったことにして、現代の怠惰な生活習慣に基づいた、浅はかな価値観だけで狩猟を否定することはできなかった。

また、遠い祖先が命を繋いできてくれた狩猟という行為を否定するのは、いま自分が生きていることすら否定するのではないかと感じた。

ここで自分にかかる負荷が耐えきれないから、と狩猟をやめればどうなるだろう。それは自分がわなにかけた獣たちの存在をなかったものにすることにならないだろうか。それはどうしてもできなかった。

当時はここまで明確に言葉にできていなかったと思うが、生きていくというのはこういうことなのかと、納得して狩猟は続けることにした。

そこからは、時間さえあれば片桐さんの動画を見続けた。

特に止め刺しの部分である。片桐さんも止め刺しを習得するのに10年もかかったと本に書いてあったので、非常に難しい技術なのだ。生け獲り猟をはじめてまだ1年目の自分が止め刺しを失敗しても、当然といえば当然である。

けれど、自分は狩猟を続けている限りは何回も獣と対峙できるチャンスがあり、止め刺しも何回もできる。しかし、自分に捕らえられた獣にとって、自分と対峙できるのは一回だけなのだ。

それを自分の技術の未熟さで止め刺しを失敗し、獣を苦しませてしまうのがどうしても許せなかった。

無理だとはわかっていても、「片桐邦雄」にすぐになりたかった。

寝る直前まで布団の前にノートパソコンを置き、片桐さんが獣を止め刺す瞬間の動画をスローモーションで何回も見た。そんな自分を隣にいた妻は心配していたらしいが、当時はそのことで頭がいっぱいだった。

イノシシにわなを見破られっぱなし

12月になって朝晩の冷え込みが厳しくなり、山の景色は紅葉から落葉へと進んでいった。山の中にいると聞こえてくるのは、からっ風が木々を揺らす音、それによって役目を終えた葉が地面に落ちる音だけだ。世界に自分しかいないのではないかと錯覚するほど静かだ。

葉が舞い落ち、明るくなった林の中、冷たい空気を肺いっぱいに吸い込みながら歩き、獣道を探索する。すべての感覚が心地よい。

シカの捕獲は順調に進んでいた。夕方内臓出し、皮剝ぎをすませ、一晩干して翌日の早朝、精肉するようにした。

冷たい冬の外気で一晩冷やされたシカ肉は、素手で触ると手がかじかむほど冷たい。けれど、掘っ立て小屋のような解体小屋で作業している自分には、そのような環境の方が衛生的に作業できるため、その冷たさも苦にはならなかった。

自分が仕掛けている山にはイノシシもシカも生息しているのに、不思議とシカだけがわなに掛かる。シカだけでも十分満足しているが、中学生の頃に祖母の家から送られてきた脂(あぶら)の

写真8　落ち葉の下にわなを仕掛けたところ

乗ったイノシシ肉を食べたことがあり、「こんなにうまいものがあるのか」と思ったほどおいしかった。

できれば、あの味を妻に食べさせてあげたい。

くくりわなは穴を掘って仕掛け、土や落ち葉などで隠す（写真8）。だが、掘り返されたわなが剥き出しになっていることがたまにあった。岡本さんに相談すると、

「おそらくイノシシじゃ。あいつらは鼻がええから、すぐにわなを見破るんじゃ」

と教えてくれた。

去年イノシシを捕獲していたので油断していたが、本来なら捕獲は難しい獲物らしい。発情期の雄イノシシは、警戒心をなくしていて捕獲しやすいとの情報もあった。去年のイノシ

シはおそらくそういう時期のイノシシだったのだろう。

いまの自分のわなの隠し方には何か問題があったのだ。わなを見破られる原因を本やネットで調べてみると、わなについた人工的なにおいからわなを見破る、という意見が多かった。

わなについたにおいをとるため、沢に一日置いてから仕掛けてみたり、樹木の皮で煮込んでみたりした。念には念を入れて、自分の体のにおいをごまかすため、木酢液（炭をつくるときにできるにおいの強い液体）を入れた風呂に入ったりした。

それでもわなを掘り返される。それならと、逆にわなの近くににおいのきついものを置けばごまかせると思い、木酢液をわなのまわりに振りまいてみたが、まったく効果はなかった。

獲物を誘き寄せるための餌を使うことも考えたが、片桐さんが、

「餌で野生動物をつるのは卑怯で邪道」

と本の中で語っていた。餌付けされた時点で、もはや野生動物ではなく家畜と変わらない、というのだ。勝手に真似をさせてもらっている身とはいえ、そこは守るのが筋だと思った。

それからあれこれ試しても、シカは捕獲できるのだが、イノシシにはことごとくわながバレてしまう。まったく捕獲できる気配がなく焦っていた。

どうやったらイノシシが捕獲できるか、四六時中考えていた。

食事中も、妻が話しかけてもイノシシのことしか話さなかったので、「何かに取り憑かれているのではないか、心配した」と猟期後に言われた。

仮説を立て、新しいわな場で検証

片桐さんでもイノシシにわながバレることがあるようだ。イノシシという「自然」を捕らえることに、マニュアルなど存在するはずもないらしい。

一度、自分の頭で考えることにした。わなや自分のにおいの対策はできるかぎりしたつもりだった。となると、原因はほかにあると考えた。自分のいままでの経験のなかで何か役立つものはないかと考えていたとき、ふと思い出したことがあった。

庭師の仕事をしていると、木を植えるために大きい穴を掘ることがある。そのとき、ある程度の深さを掘ると、虫が大量に集まってくることがあった。

ひょっとすると地中には人間ではにおいを感じ取れない、ガスのようなものが埋まっていて、鼻のいいイノシシはわなを設置するときに発生したそのにおいを察知して見破っているのではないか。

ならば、「穴を極力掘らなければ、わなはバレないはず」と仮説を立てた。

家の近くに設置したわなは、イノシシによってすべて何回も見破られてしまっていた。一度わなを見破られると、同じ場所のわなには掛かりにくくなるので、新しいわな場を探すことにした。

家から少し離れた山を歩いていると、アカマツの幹に子どもがいたずらで泥を塗りたくったような跡があった。周囲のアカマツにも同様の跡があった。

イノシシは体についた虫を落とすため、ぬた場という泥沼で体に泥をつけた後に、木に全身をこすりつける習性がある。アカマツについた泥跡はそのときにできたものだった。

この近くにイノシシが確実にいる証拠なのだ。実際、近くには獣の痕跡が多くある獣道もあった。そこで、穴を極力掘らない設置の仕方を試すことにした。

わなの構造上、平らなところにわなを設置する方が隠しやすい。しかし、山の中には平らな獣道といっても本当に平らなところなどはない。一見平らに見えても、よく見ると凹凸があり、高いところと低いところがある。

平らな獣道の中でも窪(くぼ)んでいるような低いところを見つけて、そこにわなを設置すれば掘る量は少なくてすみ、結果イノシシにわながバレないのではないかと思った。しかし、そのような場所は泥跡があるアカマツ周辺では見つけられなかった。

イノシシも羽が生えて飛んでいくわけではない。獣道をひたすら辿（たど）り、目指す場所をなんとか探し当てた。

ここだと決めて「なるべく掘らないように、掘らないように」と唱（とな）えながら穴を少しずつ掘り続ける。まわりとできるだけ調和するようにわなを隠して、その場を後にした。

大物イノシシが掛かった！

3日経ったがいっこうに捕まる気配はない。アカマツの林以外にもイノシシ狙いのわなを掛けたが、その間はシカもイノシシも掛からなかった。

けれど、まったく焦る気持ちはなかった。いまの段階でやれるだけのことはやったのだから、これでダメなら来年の猟期までに勉強しなおせばいいと思った。

4日目のことである。アカマツ林に到着し、遠目にわなを見ても獣はいなかった。そこから離れようとすると、わながある方から「パッカーン！」と生木（なまき）が弾けるような音がする。

もう一度確認すると、なんと、自分が仕掛けたわなの近くで大イノシシが暴れているのだ！

心のどこかで「イノシシがわなに掛かるとしても、自分の捕獲レベルにあった小さいイノシシだろう」と勝手に思っていた。そんなイメージでわな場を見ていたので、なんとも間抜けな話だが、自分のわなに掛かった大きいイノシシを見落としてしまっていたのだ。

飛び上がるほどうれしかった。

去年のイノシシは偶然わなに掛かってくれたのだが、いま目の前にいるイノシシは、たまたまかもしれないが、少ない知恵を絞り出した結果、わなに掛かってくれたのだ。

はやる気持ちを抑えながら、すぐに車に戻り道具の準備をする。頭の中であのイノシシをどう捕まえるかイメージしながら、捕獲道具を取り揃える。忘れ物がないか何度も確認をして、イノシシのいる方へ向かう。

近づいて見ると、思っていたよりずいぶん大きい。去年のイノシシと同じく、90キロぐらいはある。

片桐さんのわなを参考にして、ワイヤー径を4ミリから5ミリに変えていた。それでも、もしワイヤーが切れたり予想できない不具合が起きれば、大怪我ではすまないことが、近くで対峙してみてすぐにわかる。

だが、不思議なことに気がつく。去年初めてイノシシと対峙したときは、向こうの殺気のようなものを強く感じた。

しかし、このイノシシからは、そこまで殺気を感じることができなかった。

去年のイノシシのときは、岡本さんがハンマーという凶器を持っていた。岡本さんの殺気にイノシシが反応して、それ以上の殺気を出してきたのではないか。

いま自分が考えていることは、このイノシシを殺すことではなく、肉質のためなるべく傷つけないように家まで持って帰ることだ。殺意など微塵（みじん）もない。そのためイノシシも、こちらに対して殺気をそこまで放ってこないのではないかと思った。

圧倒的な力強さに震える

けれど、いざ捕獲作業をはじめようと近づくと恐怖心が出てくる。心臓が耳の横に移動したのかと思うほど、自分の心音が大きくなる。

胸は熱くなるが、気味が悪いほど頭の中が静かで冷たい。

怖いが、しっかりイノシシ全体が見えている。

イノシシの最大の武器は牙（きば）と口で噛（か）みつくことだ。そのためまずはイノシシの口を塞ぐ必要がある。

市販のわなを改良した口を塞ぐ道具（写真9）を持ってイノシシに近づく。距離が縮まるにつれて手が震え、足も震える。徐々に生きた心地がしなくなってくる。

「おいおい落ち着きなさい。慌てていたら怪我をする」

と自分が語りかけてくる。

イノシシの鼻先に道具の先端をぶつければ、口を閉じることができる。しかし、イノシシもそれが自分にとって危険なものと理解しているようで、鼻先にぶつけられないよう顔を地面に伏せながら、こちらを睨（にら）んでいる。

写真9　溶接して自作したイノシシの鼻取り具。くくりわなと同じ要領で、イノシシの鼻先が真ん中の板にぶつかると、ワイヤーが飛び出しイノシシの口をくくって締める

しばらく対峙した後、鼻先を上げた。一瞬の隙をついてぶつけようとするが、一回目は鼻先で弾き返される。

この一撃で、ステンレス鋼でできた道具の一部が変形する。その力強さに驚愕（きょうがく）し、「この道具では捕まえることができないのではないか？」との疑念が湧いてくる。

自分が焦っていることに気がつき、いったんイノシシから離れて心を落ち着かせる。

再びイノシシにゆっくり近づいていく。

イノシシはこちらに対し、何度も突進してくる。

そのたびに、蹄が地面を蹴る、低く、大きい音が聞こえ、ワイヤーが切れないことを祈りながらさらに近づく。

「5ミリのワイヤーだ。切られるはずがない」

自分に言い聞かせる。

1メートルの距離まで近づいたときに、イノシシの突進が止まる。次に鼻で地面を掘りながらこちらを威嚇するような動作をはじめた。

イノシシが鼻を上下に動かしている最中、一瞬、動作が止まった隙を狙って道具を鼻先にぶつけた。

道具からワイヤーが飛び出し口を塞ぐ。そのワイヤーの端を木に結びつけて、イノシシの動きを制限した。

それから、ロープラチェット（ロープやワイヤーを引き締め固定する器具）を使ってワイヤーの張りを強くし、イノシシの動きをさらに制限する。

万が一、口にかけたワイヤーが外れると事故につながる。もう一本ワイヤーを用意して口を二重に塞ぐ。

苦しく胸が張り裂けそうなこの緊張状態を、1秒でも早く終わらせたい。急いで作業を進めようとする体に、そのたび「落ち着け、落ち着け」と言い聞かせる。ゆっくり作業を進めようとするが、手が無駄に早く動いてしまう。

写真10　初めて自力で生け獲りにしたイノシシ。推定90キロの大物

ほぼ、イノシシを動けなくした（写真10）。

次にガムテープで目隠しをするため、背後からイノシシに馬乗りをした。

イノシシとじかに接し、拘束（こうそく）されているとはいえ、肌（はだ）から相手のとんでもない力強さが伝わってくる。

「自分よりはるかに格上の生き物だ」ということを認

識する。

目隠しをするためには、自分の手をイノシシの口の近くに持っていかなければならない。ワイヤーで塞がれているとはいえ、もしワイヤーが外れ噛まれたらと思うと、背筋が凍り躊躇（ちゅうちょ）した。

いったんイノシシから降りて、きちっとワイヤーが口を塞いでいるか確認する。もう一度馬乗りをして、ガムテープをぐるぐる巻き、目隠しをした。

次に左前足、左後ろ足を自分の両手で持ってイノシシをひっくり返し、四肢を結んでいく。

「これを結んだら捕獲は終わる。もうちょっとだ。もうちょっとだ」

自分に言い聞かせながら、結び終えた。

帽子をとって山に一礼して一息ついた後、車に乗せるために大イノシシを引きずる。冬だが、運動による発汗と捕獲時に流れ出た脂汗（あぶらあせ）で汗だくだ。

車道まで引っ張り出した後、軽トラックの荷台に積み込まなければならないが、一人ではとても持ち上げることはできない。コンパネを滑り台のように荷台に設置し、引き上げる。

なんとか車に積み込み、捕獲は完了した。

血液が沸騰するような充実感

まだ自分の心臓は速く大きく動いている。一息つきながら、荷台に積み込まれたイノシシを眺める。

少ない知恵を絞り出して、さんざんわなを見破られたイノシシを捕獲できたこと。

無事に怪我なく捕獲できたこと。

自分よりはるかに格上の生き物を捕らえたこと。

それをこれから自分の命の糧（かて）にできること。

捕獲中に抑えていた感情が一気にこみ上げてくる。

視界が急に広がり、山が輝いて見え、体中の血管が広がり、血液が沸騰（ふっとう）するような感覚になる。

初めて味わう大きな充実感に包まれ、山に向かって、心の中で大きく叫んでいた。

獣に対する畏敬の念

家に持ち帰り、車から解体小屋にイノシシを下ろす。まだお腹を大きく上下させながら荒い呼吸をしており、興奮している。ウシやブタも興奮した状態で止め刺しすることはないらしい。おそらく肉質に影響するからだろう。

夕方まで安静にさせておくことにした。小屋内を遠くから見ても、イノシシの存在感が伝わってくるほどの迫力だった。

18時になり、解体の準備をはじめる。

とにかく、今回はなんとしても一回で止め刺しを終わらせたい。

イノシシのためでもあるが、自分が罪悪感に苛(さいな)まれないためでもあった。

今回も解体小屋にパソコンを持ち込み、片桐さんの止め刺し動画を、スローモーションで何度も見る。

1時間ほどイノシシを前にして止め刺しのイメージをした後、イノシシの四肢を上から吊り、床に仰向けにさせ固定した。

完全に動けなくしてある。

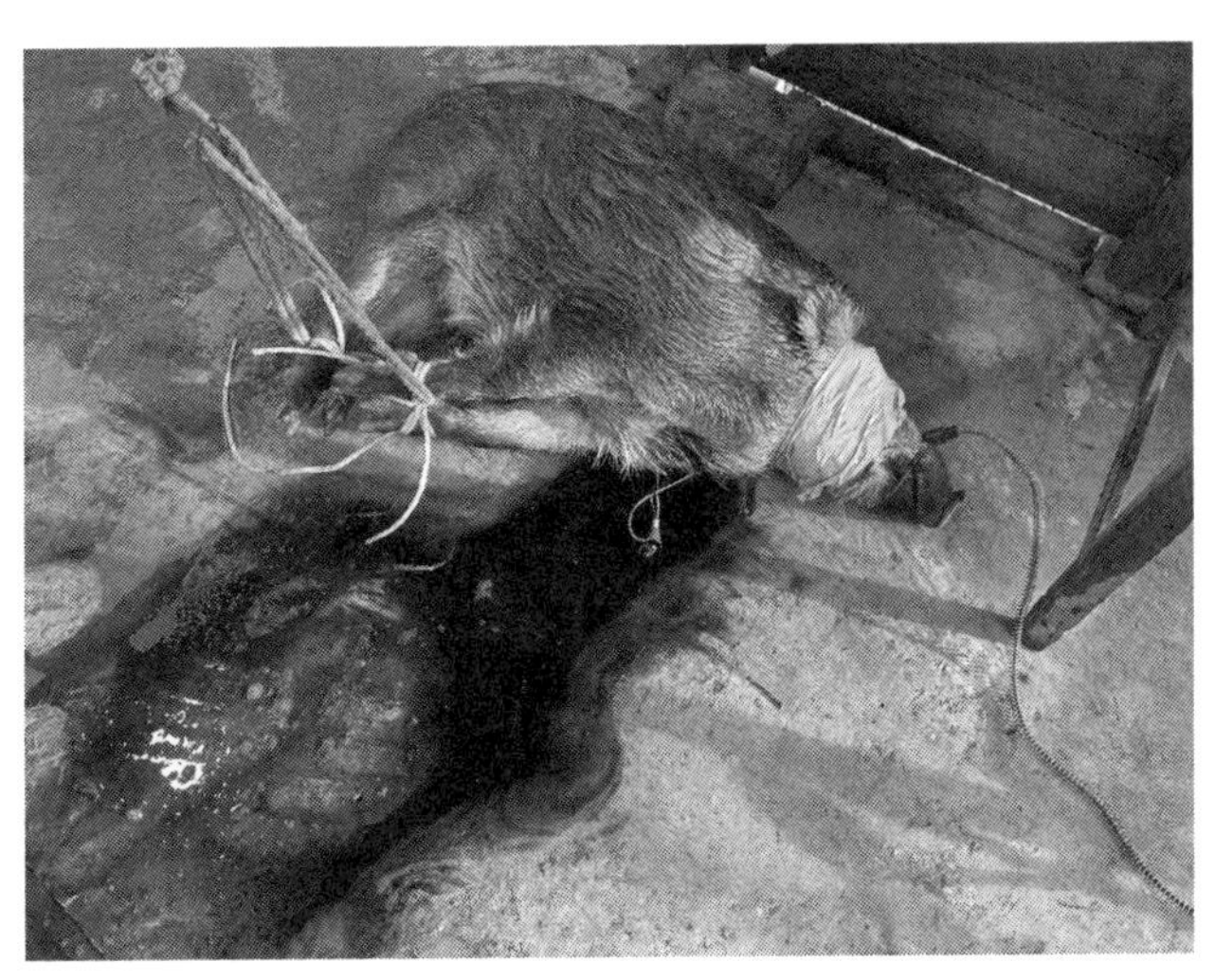

写真11　イノシシの止め刺し後の放血

しかし、対峙すると恐怖を覚える。厳しい自然を生きている獣に対して、あらためて畏敬の念を覚える。

槍を握りしめてしばらくイノシシと対峙した後、肋骨の隙間から刃先を滑り込ませた。

その瞬間、イノシシがピクッと動く。抜いた後、勢いよく血液が流れ出す。刃先を確認すると血液が付着している。今回は心臓を突けたのではないかと少し安心した。

小屋の床には排水のためにコンクリートが敷かれている。床に横たわるイノシシから、真っ赤な血液が白いコンクリートに広がっていく（写真11）。それらが小屋内に差し込む西日によって照らされていく。

不覚にも、その光景があまりにも美しく、見とれてしまった。

ときたま体をくねらせる以外は、おとなしく寝ているようだった。10分ぐらい経った頃「グウー、グウー」といびきのようなものをかきはじめる。もうすぐ絶命する合図である。

このときは不思議と「かわいそう」や「罪悪感」のような後ろめたい気持ちは一切なかった。

絶命後いかに素早く、丁寧に解体できるか。

このこと以外、考えていなかった。

いびきが止み、体を痙攣させるような動作をして動かなくなる。

解体、驚くほど美しい内臓

目隠しのガムテープを外し、瞳孔が開いているか確認し、解体台に仰向けに載せる。動物は死後、内臓が発酵をはじめ、その発酵熱とにおいが肉に悪影響を及ぼすので、すぐに取り出さなければならない。

内臓を取り出すため、足の付け根の骨をノコギリで切り取り、腹を肛門から喉元まで一直線に切り開く（写真12）。

途中で不思議なことに気がつく。去年イノシシを解体したときはお腹を切り開いたときになんとも言えない卵が腐ったようなにおいがしたが、いまはほぼ無臭である。

獣の体内には本来においがなく、内臓を出す処理が遅くなることによってにおいが発生してしまうことを、あらためて実感した。

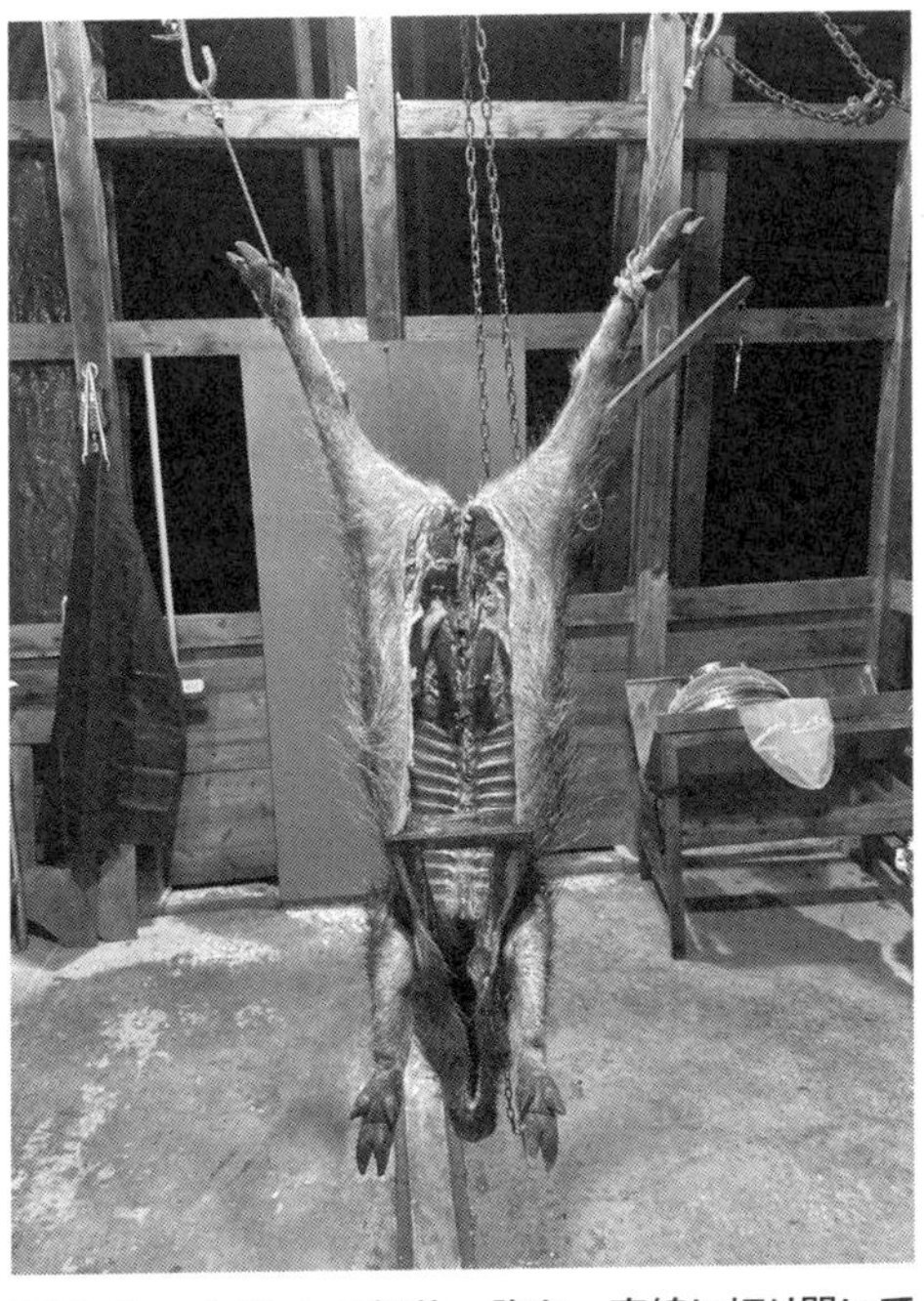

写真12　イノシシの解体。腹を一直線に切り開いて内臓を取り出す

去年はそのにおいが解体中つねに漂っていたため、内臓を見ても「これが食べられるのか？」と疑問であったし、触るのも嫌だった。

いまはそのような感情は湧いてこない。においというのは、視覚よりも人の感覚に強く訴えるものがあるようだ。

作業を進めていくと、ご

わごわした茶色の毛皮の中から、真っ白な純白の腹の脂が目に入ってきた。美しく、いかにもおいしそうである。

その後、胸骨（胸の中央に縦にある骨）をノコギリで切り開く。

止め刺しで心臓から流れ出した血液の多くは体外に流れる。残りの血液は胸腔に溜まっている。

胸腔は胸部の空間で肺や心臓などがあるところだ。その下には胃や腸などをおさめる腹腔があり、横隔膜によって仕切られている。

胸腔内に残った血液は、槍で刺した穴から入る空気と反応して、レバーのような血溜まりになっていた。これを手ですくい取る。胸腔内は湯気が出るほど体温が残っており、冬の外気で冷えた手を温めてくれる。

残った血液はスポンジで拭き取る。血液がない方が体内がよく見え、その後の解体がしやすい。血液は料理にも使える。

これで内臓を摘出できる準備が整った。

内臓はすべて繋がっている。まず、舌を左手で上向きに引っ張りながら、胴体と切り離す。同様の動作で、気管、心臓、肺の順に胴体と切り離す。

次に、胸腔と腹腔の間にある横隔膜を切開する。さらに、肝臓、小腸、大腸などを切り離し、すべて繋がった状態で胴体から引き出す。

この内臓だけでも十分重たい。

ブタは泣き声以外食べられると聞いたことがある。おそらくイノシシもすべて食べようと思えば食べられるのだろうが、このときは舌、心臓、肝臓、胃袋、小腸、大腸、睾丸、網脂（内臓のまわりについている網状の脂肪）を食べることにした。

すべて片桐さんの動画の見よう見まねで作業をする。

舌は食道から切り離し、水洗いをする。

心臓をよく見ると、槍で刺した跡があった。２つに切り分け、中に溜まっている血液を洗い流す。

肝臓は半分に切り、中にある血液を揉み出すように洗った。

胃袋は意外と硬く、まな板の上にしっかり押さえつけて切り口を入れる。中にはドングリがすり潰されているものが詰まっていた。発酵して味噌とヨーグルトのようなにおいがした。

腸の中には内容物が詰まっているため、ホースを中に入れて水圧で洗い流す必要がある。

小腸は膜で包まれ、塊のようになっている。これでは洗浄できないので、膜を少しずつ切っていき、腸を一本にした後に洗い流す（写真13）。

写真13　イノシシの小腸にホースを入れ、水圧で内部を洗い流す

水圧をかけると、黄色い液体が小腸から流れ出す。黄色い液体が透明になったら、腸を切り開き、洗濯ネットに入れて水をかけながら床にこすり洗いする。

大腸は最も処理が大変だ。小腸と同じでひと塊になっているが、脂がたくさんついており、膜のどこを切れば一本になるかわかりづらい。

中には便が詰まっているので、少し切るところを間違えると便が外に漏れ出し、周囲に付着して食べられなくなる。慎重にしなければならない。

睾丸はゴルフボール大のサイズのものが2つ、ついていた。いろいろ思うところはあるがこれをナイフで切り取る。

網脂は胃を覆っている脂だ。サッカーのゴールネットに似ている。

ひととおり作業が終わり、並べられた内臓類を眺める。主から切り離されているとはいえ、まるで生きているかのようだった。

一つ一つの臓器にそれぞれの美しさがあり、個々の色の光を放っている宝石のようだった。去年のイノシシの臓器の色とまるで違う。生け獲ることでこんなに違うのかと驚く。

一晩干して冬の冷たい外気に晒した方が、脂が冷えて固まり皮を剝ぎやすいため、その日は、解体小屋にイノシシを吊るした状態にして作業を終えた。

体全身でおいしさを感じるホルモン鍋

この内臓類がどんな味がするか楽しみだったので、小腸、大腸を使ったホルモン鍋をつくることにした。

小腸、大腸を一口サイズに切り、塩、ニンニク、ごま油で下味をつけて調理した。口に入れると、初めは刺激的な旨みはないが、噛めば噛むほど旨みが出てくる（写真14）。臭みもまったくない。鼻を抜ける肉のいい香りが、市販のホルモンとまるで違う。

写真14　食べても食べても胃が軽い、おいしいホルモン鍋

　スープも一口飲んでみる。味はもちろんだが、爽(さわ)やかな旨みが鼻を通じて伝わる。

　いちばん違うのが体の反応だ。食べても食べてもお腹が軽い。いくらでも入ってしまいそうだ。

　一口食べるごとに、即、自分の血肉になるような感覚になり、体が熱くなる。

　体がもっとよこせと要求する。

　妻と夢中になって食べて、気がついたらすべて食べ尽くしていた。

　いままで「おいしさ」とは舌や鼻、首から上で感じるものかと思っていたが、このイノシシの内臓を食べて、本来なら体全身、細胞一つ一つで感じるものなんだと理解した。妻も喜んで食べてくれた。

　捕獲から解体までこなし、疲労して体も冷え切っていたが、このイノシシのおかげで回復することができた。

食後、懐中電灯をつけて真っ暗な解体小屋に向かう。イノシシに「大変おいしかった」と伝えに行った。

獣が欲しくて欲しくてたまらない

初めてイノシシを生け獲りにした後も、大きいイノシシが立て続けに２頭捕獲でき、獣を捕獲することに夢中になっていた。

自分が本来の生け獲りをどれほど再現できているかはわからない。それでも妻は「おいしい」と言って食べてくれていた。

朝起きて見回りをし、獣がいれば捕獲して解体する。いなければ、空いた時間で新しいわな場を探して増設していった。

初めは５つだったわなが、最大で20個まで増えていった。こうなってくると、一日複数頭捕獲できる日もあった。

解体小屋にはつねに何かしらの獣がいる。いま思えば異様な光景だったと思うが、自分はまったく気がつかなかった。

この頃には、獣に対しての罪悪感や止め刺すことへの抵抗は、当初より薄らいでいた。

むしろ寝ても覚めても獣のことしか考えられず、とにかく獣が欲しくて欲しくてたまらなかった。「獣を捕獲しなければならない」という危うい使命感みたいなものすらあった。狩猟欲に完全に取り憑かれていた。

半年ほど前に生まれたばかりの子どももいたのだが、自分はほとんどほったらかし。家のことも妻にすべて任せっぱなしだった。

ある日、シカが3頭獲れることがあった。大きいシカ2頭と小さいシカ1頭だ。軽トラはシカで満載だ。

夕方17時から解体がはじまる。1頭止め刺しをして解体することを、3回繰り返す。終わったのは20時を過ぎていた。一晩干して肉を冷やすために、解体小屋にはシカの肉塊が3頭もぶら下がっていた。

翌朝4時から精肉作業が始まる。筋肉質なシカの食べられる部位は、背ロース、内ロース、後ろ足、前足（わなは前足にかかっていることが多く、その場合は傷(いた)んで食べられない部分が出てくる）、バラ肉、頬(ほほ)肉などだ。

初めて生け獲りにしたシカのときは、できるだけ無駄のないようにすべて精肉していた。しかしその日、1頭精肉して2頭目を解体する頃には、集中力も切れてきた。だんだん解体が雑になってくる。

「また明日も獲物は獲れるかもしれない。すべて丁寧に処理しなくてもいいのではないか」

このような気持ちになってきた。

3頭も獲れているのだから、お肉はたくさん用意できる。それならおいしい部位とされている、ロース類と後ろ足だけでいいのではないか。しかもまだ残り1頭控えており、その後、夜が明けたら見回りをしなければならず、獣がいれば捕獲が待っている。

その後のことを考えると、なるべく早く解体をすませたかった。

2頭目と3頭目はよい部位とされる背ロース、後ろ足、内ロースだけ取り、解体を終えることにした。

このとき気づいてはいなかったが、本来の目的であるはずのお肉は二の次になっていた。獣を捕獲することで得られる快楽が目的になっていた。

この生活を3週間ほど続けたときだった。夕食後、精肉作業をしている自分に向かって妻から、

「どうしてそこまでやらないといけないの？」

と忠告された。

毎日、夫は目の色を変えて朝から山に行き、家のことはそっちのけ。夜は解体や精肉作業をし、庭先にはつねに獣がぶら下がっている。

生まれたばかりの子どものことを話題にもせず、口を開けば狩猟のことばかり。暇さえあれば止め刺しの動画を見ている。

このとき妻は、僕がどうかしてしまったのではないか、と思ったらしい。

普段は喧嘩（けんか）もせず、まったく自分の行動に口を出さない妻の忠告だったので驚いた。

しかし、それ以上に不快な気分になってしまった。獣を獲る快楽のための狩猟だったとはいえ、当時の自分の中では真剣にやっていたつもりだったからだ。

その日から家の中の雰囲気も悪くなっていき、狩猟をしていてもなんだか集中できない。

それでも家族に迷惑をかけながら、狩猟は続いた。

狩猟への執着が抜けた

それから数日後、大きい雄（お）ジカがわなに掛かった。わなに掛かった様子を見るため近づいても動かない。人間を見かけると獣は暴れることが多いのだが、この雄ジカはおとなしく座り込んでこちらをじっと見ていた。

車に戻り、捕獲準備を進める。雄ジカの捕獲に必要なものはロープ、ロープを角にひっかける棒、足を縛る紐、ガムテープだ。

しかしこのとき、「ひょっとしたらあの雄ジカは足を怪我していて動けないのでは？」と推測して、足を縛る紐とガムテープだけを持って捕獲に向かった。

少しでも荷物を少なくした方が捕獲後の運搬が楽なので、横着をしたのだ。

シカに近づくが、座ったままこちらを見つめ続けている。両耳はピンと立ち、こちらを警戒しているが微動だにしない。

「これなら角を手で捕まえて捕獲できる」

そう思い、徐々に距離を詰めていく。あと少しで角を掴める距離に来た。

角を捕まえようと思った瞬間、急に雄ジカが立ち上がり、こちらめがけて勢いよく突っ込んできた。

油断していた。

この雄ジカは無駄暴れをせず、力を温存しておいたのだ。

雄ジカの角が自分の腹部付近に刺さる寸前、とっさに両手で掴む。少しでも力をゆるめるとそのまま刺さってしまいそうで、手を離して逃げることもできない。

しばらく角を掴んだまま、シカと膠着状態が続く。

死力を尽くして角を握り続けた。

何かの映画で、ウシの角を持ちながら、首を捻(ひね)り横にさせるシーンがあったのを思い出す。角を持ちながら、力一杯左側にハンドルを切るように捻ってみる。

すると、シカが徐々に横たわっていく。

完全に横たわったのを確認し、角を足で踏みつけながら前足を結び、蹴られないように後ろ足を結び、それを一つにまとめる。

首がまだ自由に動く。両足を結ばれたといえ、この状態でも首を少しでも動かされ、角が当たれば大怪我になる。両足と角を結び、完全に動けなくした。


捕獲が終わり、自分を落ち着かせるため大きく一息つく。

普段ならロープを使って角を完全に動けなくしてから、捕獲していた。疲労から判断力が低下し、角を直接手で摑むことをしてしまったのだ。

シカを荷台に積み込み、家に帰りながら妻の言葉を思い出す。

心のどこかで家族が喜んでくれると思っていたから狩猟をしていたが、いまは間違いなく喜んでくれてはいない。

冷凍庫、冷蔵庫の中はお肉でいっぱいである（写真15）。自分自身も連日の捕獲で疲れきっており、当然、妻もそれ以上に疲れている。

この雄ジカとの対峙で大怪我、もしくはそれ以上のことになっていたかもしれない。

——獲物は山からたくさん戴いている。もう、十分ではないか。

ふっと何か自分の中から力が抜けて、狩猟に対しての執着が抜けていった。

写真15　獲ったお肉で容量500Lの冷凍庫は満杯

自分の中にある狩猟欲というのは本当に恐ろしいと思った。

あのとき、獣を捕らえることがつねに頭から離れなかった。本能に近いものかもしれない。

昔は高性能のわなもなく、車もなく、獣も山にいまほどいなかった。人間が食べるものは限られていたので、本能のおもむくままに獣を捕らえるのは、ちょうどよかったかもしれない。

しかし、現代では、それだと獲れすぎてしまうのだ。

本能の一つである食欲でいえば、食べ過ぎの状態になっていた。

食べ過ぎは体を壊す。

狩猟も本能を押さえなければ、よい結果にはならない。

現に、家族に迷惑をかけて、必要以上に獣を殺し、自分自身も疲弊(ひへい)している。その結果、雄ジカに角で刺されそうになったのだ。


2年目の狩猟は、狩猟欲に取り憑かれていた自分を妻が気づかせてくれたおかげで、終わらせることができた。

3年目の猟期からは獣一頭から取れるお肉の量をできるだけ多くして、捕獲頭数を少なくするようにした。

冷凍庫がいっぱいになりそうになったらわなをすべて外し、箱に保管して、自分の目の届かないところに置くようにしている。

そうでもしないと狩猟が頭の中から離れず、また狩猟欲に取り憑かれそうな気がして怖いのだ。

狩猟という行為は、さまざまなことを考えさせられる。
自然やまわりに支えられて生きていること。
自分という存在が、一人ではあまりにも非力で不完全な存在であること。
狩猟だけではなく、自然から糧を得る行為をする中でもそのことを感じることがある。
片桐さんの言葉に、
「昔は食べるというのは自前でやらなければならない、生きていくための修行」
というものがある。
狩猟採集という行為は、現代人が忘れてしまった何かを思い出させてくれる。

▼2年目の成果＝シカ40頭、イノシシ5頭

▼3年目以降の成果＝シカ3〜15頭、イノシシ5〜13頭

イノシシとシカの行動を読む

自分の住んでいる地域はシカとイノシシが両方生息しており、シカの方がなぜかわなに掛かりやすい。

イノシシの方が警戒心が強く、わなを見破るからだ。シカの方が一日で歩く距離が長いからわなに掛かりやすい、など諸説あるが本当のところはわからない。

笑い話のようだがこんなことがあった。猟期3年目、シカはわなに掛かるのだがイノシシがなかなか掛からなくて困っていたときだ。

山奥で獣道の探索をしているときに、急にお腹が痛くなり「排泄（はいせつ）」がしたくなってきた。近くにトイレなどはもちろんない。そのあたりでするしかないと判断して適当な場所を探す。山の中に自分しかいないので、どこでもやろうと思えばできるのだが、なぜか我慢（がまん）しながら時間をかけて場所を探してしまった。

ようやくここだと見つけて用を足そうかと思ったとき、自分のまわりを見渡すと、木に泥がついた跡と痕跡の多い獣道があった。

明らかにイノシシが使っている獣道である。

ここは自分が排泄する場所ではなく、イノシシを捕らえるためのわなを掛ける場所だ。後でわなを掛けようと思い、違う場所を探すことにした。

そこから少し離れたところに、排泄にちょうどよさそうなところを見つける。なんと、そこにもイノシシの痕跡があるではないか。

また移動して、３回目でようやく排泄することができた。

普段はこんなに短時間でイノシシの痕跡を見つけることはできないのに、なぜこのときはできたのだろう、とふと思った。

そこで、自分が何を基準に排泄する場所を決めたか、あらためて考えてみた。

まずは平らで道から離れており、藪（やぶ）や樹木などで周囲から見えにくく隠れるような場所だ。まわりに障害物があるため、日当たりが悪くなり、暗く、風通しもあまりよくない場所になる。

僕らの祖先がいまのように家もなく、大自然の中で生活していたとき、この「排泄」という行為は無防備になる危険な行為だった。外敵から見つかりにくくするため、似たような環境でしていたと思う。

その頃の記憶がまだ自分にも残っており、自分もそのような場所で排泄したのだと考えた。

写真16　イノシシの胃袋内にはすり潰されたドングリがいっぱい

そして、その場所の近くにイノシシの痕跡がある。「自分が排泄したい場所とイノシシの好きな環境は似ている」と仮説を立てた。

その後、偶然かもしれないが、その近くの獣道でイノシシが捕獲できた。それからイノシシを獲りたいときは「排泄」したい気持ちになりながら獣道を探している。

あとは、餌場による違いだ。獣は餌を求めながら移動している。

イノシシは11月から年内はドングリなどをたくさん食べる。この時期は胃袋を開くと、ドングリがすり潰されたものでいっぱいである（写真16）。

ドングリといってもナラ、アベマキ、アラカシなどがある。その中でもカシのドングリがお気に入りなのだろうか、カシの木のまわりの地面には落ちた実をあさった痕跡がよく見られる。

味がいいのか。それともカシの木がその中でも唯一、常緑樹なので冬でも葉っぱが落ちず、周囲が暗くなるためイノシシ好みの環境なのだろうか。

理由はわからないが、カシの木の近くの獣道にはわなを掛けるようにしている。

12月下旬頃になると、次は孟宗竹の新芽を食べに来る。

野生の獣は旬を逃さない。地面にはほとんど出ていない新芽を嗅ぎ分け、食べに来るのだ。

その近くの獣道に今年もわなを仕掛け、大きい雌イノシシが捕獲できた。

胃袋を開くとドングリがすり潰されたものと、竹の葉っぱが入っていた。タケノコは消化がいいのか見当たらなかった。竹の葉はタケノコを食べようとしたときに入ってしまったものだろう。


年が明け2月になると、山を歩いていても地面に落ちているドングリを見かけることが少なくなる。おそらく獣が年内にほとんど食べるのだろう。

この時期にイノシシを捕獲して胃袋を開いたことがあるが、ドングリはほとんど入っていなかった。消化されなかった竹の葉が胃袋の容量の1割ほど入っていただけだ。

年内はドングリをたくさん食べる。

年明け頃からは、ドングリとタケノコを食べる。

2月頃になると、タケノコをメインに食べはじめる。

年や地域によってかなり差があると思うが、いまのところこのようなイメージで行動していると仮説を立て、イノシシが通りそうなところにわなを掛けている。

シカの場合、イノシシが好む場所と真逆だと考えている。

日当たり、見通し、風通しがいい場所を好んでいる。山を散歩しているときも、そのような場所で出くわすことが多いからだ。

そうした場所は、人間からしてもとても気持ちがいい。藪なども近くにないため歩きやすく、わなを掛けやすい。

そのため自分が狩猟をはじめた1~2年目のときは、知らず知らずのうちに、そのような場所に設置するわなが多かった。結果、捕獲の9割はシカだった。

いま、わなは自分が仕掛けやすい場所より、イノシシが通りそうなところにすべて設置している。それでも7割はシカの捕獲になる。

シカが増えたのか、豚熱（ぶたねつ）（ブタやイノシシが感染するウイルス性の伝染病。CSF）の影響なのか、まわりの猟師もイノシシは本当に獲れなくなったと言っている。

山の中の身体感覚

猟期が終わった直後、久しぶりに東京に行って驚いたことがある。東京駅から新丸ビルに直結する地下道を歩いていると、次々と人に抜かされていく。

都会生活をしていた頃はそんなことはなかった。だが、いまは狩猟中、山を歩くときはゆっくり歩く。それが癖（くせ）になっていて、地下道でもゆっくり歩いてしまったのだろう。

なぜ都会の人がこんなに速く歩けるのか、不思議に思った。

その地下道は遠くまで直進が続いており、同じ素材のタイルが延々と貼られている。当然ながら人が歩きやすいように設計されており、デコボコした場所などない。目をつむっていても歩けるような通路だった。

一度その素材を踏めばどれくらい硬いか、滑らないか、平面であるかを確認できる。あとは目で遠くまで見て同じ路面状況なら、安心してスタスタ歩けるわけだ。

山の中ではこういうわけにはいかない。わなを掛けるところは人間ではなく獣が行き交う場所が基本だ。道らしい道などないところが多く、当然ながら舗装などされていない。

多くは落ち葉で覆われている。それがどのくらいの厚さで積もっているかは、見た目だけではわからない。実際に踏んでみないとわからないのだ。

見た目だけで落ち葉が浅く積もっていると思って、踏んでみたらじつは厚く積もっている場合がある。落ち葉の下に穴があったりするときもある。下に石が潜んでいる場合もある。

そういった場合、「この地面は大丈夫だろう」と不用意に一気に体重をかけてしまうと、足を滑らせたり、転倒などで怪我をしてしまう可能性がある。

それらを防ぐために、山の中では足裏からの情報を頼りに、本当に安全かどうか徐々に体重をかけながら歩く。目で安全を確認するのではなく、足裏の感覚で安全を確認するのだ。

耳もよく使う。いちばん使うタイミングは、くくりわなに獣が掛かっているか判断するときだ。

知り合いのわな猟師にこのような事故を体験された方がいる。

その方が朝、獣が掛かっているか見回りをするときだった。わな場に着き車から降りて歩いているとき、まだわな場まで距離があるところで、突然イノシシが走ってきて牙で切りつけてきた。そのまま走り去っていくかと思ったらUターンして噛みつかれ、大怪我をされたのだ。

イノシシはそのわな猟師のくくりわなに掛かったイノシシだった。人間が近づく気配を感じて暴れ、足に掛かっているワイヤーを突進力で引きちぎり、わなを仕掛けた張本人に逆襲を仕掛けたのだ。

この事故を聞いてからは、車から降りた瞬間から気をつけるようにしている。特に車からわな場が見えないときだ。こういうときは耳だけで獣が掛かっているか判断しないといけない。

わな場に向かうときは、耳に意識を集中させる。数字などを覚えることは苦手だが、わなを掛けている場所の情景は鮮明に覚えることはできる。

それを頭に思い描きながら、異音が聞こえないか確認しながら慎重に近づくようにしている。

枝が折れる音、落ち葉の上を何かが暴れている音がするときなどは、当然注意が必要だ。

それと同じくらい、まったく音がしないときも用心している。毎日鳥が鳴いているところで今日は何も聞こえないときなどに、大きいイノシシやシカが掛かっている場合が多かった。

普段と違うことがわなの遠くからわかっていれば、安全性は高まると考えている。

自然の情報を感じて体が動く

五感を総動員するのがくくりわなを仕掛けるときだ。いちばん集中する。

広大な山中で、わずか10センチちょっとのわなをピンポイントで踏ませないと、獣を捕らえることはできない。獣道にわなを仕掛けるのだが、その上ならどこでもいいわけではない。最近獣が通り、交通量が多く、安全に捕獲ができるところを選んで設置しなければならない。狩猟をはじめたときは、山の中を歩いても獣道など見えなかった。

しかし、いまは無数にあるように見える（写真17）。その中から選ばないといけない。山の中でゆっくり考え込んで決めていては、本当に日が暮れてしまう。

それに、人間が立ち止まって長時間その場に居座ると、人間のにおいがその場に残る。それを獣が警戒してわなに掛かりづらくなるとも言われている。歩きながら、短時間で決めないといけない。

これが最初は大変苦労した。

話が変わるが、ＣＧ（コンピュータグラフィックス）の仕事をしている友達と話しているときだ。仕事で時間を取られるのは、水や植物、動物の質感、動きを表現するときだと話していた。

ビルや都市など人間がつくり出したものは表現しやすいが、自然のものは情報量が多く、うまく再現するのが難しいらしい。

都市は人間が設計図を描き、それを元につくられている。情報量はせいぜい人間のつくり出したものだけである。

写真17　猟師の目にはわかりやすい獣道

山の中は道などなく、植物の生え方、種類、大きさもバラバラで、季節や時間帯、気候によっても大きく変化していく。

この状況で獣が踏みそうなところを、短時間で予測し、わなを設置する。

獣道に足跡があった場合、これがいつできたものか判断することが最も大事だ。

獣は一度その獣道を通ると、5日程度は同じ獣道を使うことが多いと自分は考えている。1〜3日以内にできた新鮮な足跡のところにわなを設置した方が捕獲しやすい。

しかし、土を普段から見慣れていない人では、その足跡が昨日できたか、10日前にできたかの判断は難しい。

自分は庭師という仕事で、土をかまう（扱う）ことを昔からしてきた。その感覚が活きて、狩猟初年度から足跡の判断ができた。

自分だけでなく、新しく狩猟をはじめた仲間の庭師も、1年目から警戒心の強いとされている年明けの雌イノシシを捕らえたりしている。教わればできるというものではない。

普段から自然物と接することの多い庭師は、普通に街で働いている人よりもそういった感覚が磨かれているのだろう。

理論や理屈など頭で考えることも必要だが、もっと大切なことがあるような気がする。

実際、自分が山で獣道を探索しているとき、頭はほとんど使っていない感覚だ。

足裏からくる土壌の湿り具合、肌から感じる風の流れ、耳から聞こえる虫の声。それらをすべて感じながら歩く。それらを自分の歩いている前方でまとめる。

歩いているというより、勝手に足がわなを掛ける場所に導かれているような感覚すらある。頭の中は空っぽでリラックスはできているが、緊張感がある。とても心地よい感覚だ。これは狩猟をすることで初めて味わえた。

山の中では頭だけでは情報を処理できないのだろう。体全部をアンテナのように使い処理することが必要になってくる。

景色、空気、音などが不快な都市ではできないだろう。都市では感覚を鋭くすればするほど、不快なものが入ってくる。

山の中というすべてが心地よい場所だからできることなのだ。

山の獣への憧れ

発情期の秋になると、雄ジカは雌ジカに対する求愛、または自分のナワバリをほかの雄ジカに対して主張するため、大きな鳴き声を出す。

この習性を利用した猟法をコール猟という。

シカ笛というものを吹くと、雄ジカは自分のナワバリに別の雄ジカが入ってきたと勘違いして近寄ってくる。たまに雌ジカが寄ってくることもある。そこを銃で撃つのだ。仲間の猟師がこの猟法の存在を教えてくれた。

　ネットでシカ笛を注文して吹いてみる。シカが聞き間違えるほど似た音を出すのがコツのようだ。雄ジカの鳴き声は甲高いピィーという声が続いた後に低音で終わる。しかし、まったく似ていない異音しか出ない。

　上手になるまで山で吹かない方がいいとも教わった。下手な状態で吹くと、シカが警戒して寄ってこなくなるからだ。

　車の移動中、信号待ちのときなどに吹く練習をした。少し上手くなったかなと思ったタイミングで、家から離れた河原でも練習した。

　音程を一定にすることが大切らしいが、これが難しい。何回も吹いているうちに、お腹に力を入れると音程が一定になることに気がつく。

　まだまだ練習が必要だと思いながら、シカが来るのか早く試してみたくて、実際に山で吹くことにした。

　自分は銃を持っていないので、シカが寄ってきたとしても捕獲することはできない。しかし、どのようにシカが寄ってくるのかは興味があった。

　どこでも吹けば来るものではないらしい。雄ジカが近くにいた方が近寄ってくる確率は高いようだ。しかし、どこに雄ジカがいるか見当がつかない。

とりあえず、過去に雄ジカが捕獲できたところで吹くことにした。車で家から10分ぐらいの場所だ。樹齢30～40年ほどの大きいスギが植林されている。スギの木のあちらこちらに大きい傷がついている。

これは雄ジカがつけた傷だ。近くに水場もあるので水を飲みに来る可能性は高い。周辺にはまだ柔らかい新鮮なシカのフンも多く落ちている。ここ数日以内に来ている証拠だ。

大きな石、樹木の前に座り込んでまったく動かなければ、シカに気づかれにくいと教わった。

自分の肩幅より大きい直径のスギの根元に座り込む。自分が樹木と同じになる気持ちで息を整える。

静寂の中、笛を力強く吹いてみた。けたたましい音が森の中に響き渡る。しばらく待っていても何も変化はなかった。連続して吹いてはいけない。実際にシカは間隔をあけて鳴く。

3分経っても反応なし。また吹いてみる。こんな方法で雄ジカが来るのだろうかと疑問に思いながら、これを6回繰り返す。

すると、遠くから落ち葉を何かが踏む音が聞こえた。「ガサッ、ガサガサ」とその音が近づいてくる。遠くの茂みに雄ジカの角が見えた。シカ笛に反応したのだ。

もう一度笛を吹く。

すると茂みから飛び出し、こちらに向かって林の中を蛇行しながらゆっくり近づいてくる。

自分の前に障害物はない。シカからこちらが見えているはずだ。

しかし逃げない。動かなければ、やはり人間として認識できないようだ。


10メートルほどまでこちらに近づいてきた。

わなに掛かり、ワイヤーで足を縛られた雄ジカはいままで何度も見たことがある。しかし、いま目の前にいる雄ジカは何にも縛られていない。

自然のままのシカである。

西日が差し込む林床の中、悠然と歩くシカの美しさに圧倒される。時間が止まってしまったと思うほど、見とれてしまった。

3メートルまで近づいてきた。シカの息づかいまで聞こえる距離だ。

さすがにバレているか。何か違和感を持っているのだろう、鼻先を動かして何かを嗅いでいる。息を殺しながらシカを見つめる。

シカは自分が座っているまわりをゆっくり一周した。その後、周囲を確認しながら、ゆっくり遠くに歩き去っていった。

シカのいなくなった森を見つめる。

いままで味わったことのない興奮とうれしさが込み上げてくる。獣を捕獲したときの感情に似ていたが、それとは違う。

もっと大きく、あたたかく、余韻（よいん）の長い喜びがあった。

この後、この魅力に取り憑かれ、時間さえあれば山に行き、シカ笛を吹くようになった。

ただシカを眺められるだけで楽しかった。

不思議なことに気がつく。自分は狩猟の醍醐味（だいごみ）は捕獲をしたときの達成感だと思い込んでいた。

シカと出会っても捕獲はできない。お肉を手に入れることもできないのだ。それなのに、なぜこんなにも夢中になっているのか。

自然の状態での野生生物の美しさを、間近で感じられたこと。

五感の鋭いシカに、自分の存在を知られることなく近づけたこと。

シカがそばに寄ってきてくれた瞬間、山の生き物の輪の中に入れたような、うれしさのようなものがあった。

狩猟を続けて何度も獣と対峙するうちに、シカやイノシシの美しさ、慎（つつ）ましい生き方に憧れている自分に、このことで気づいた。

そして、少しでもそれに近づきたい自分がいることも。

第3章　獣肉はおいしい

「SNS発信はやらない」

東京で庭師をしていたときだった。自分が現場で右も左もわからなかったときに、大変お世話になった年配の石屋さんの家に招待される機会があった。

当然スマホなどは持っておられなかったので、メモに住所を手書きで書いてもらい、それを頼りに家を探す。

普通、石屋さんなら、家のまえに「〇〇石材」などという看板が大きく飾ってある。しかし、メモに書いてある住所の近くをいくら探しても、そのような看板は見当たらない。

その石屋さんに電話をすると、表まで出てきてくれて家に通してくれた。

「看板がなかったから家がわからなかったですよ」

と伝えると、

「俺は看板を掲げるような商売をしてねえーからなあ」

と返答してくれた。

その石屋さんはとても腕がよく、仕事は断る方が大変といつも言っていた。休憩中も同業者の石屋さんから施工方法の相談電話などがよくかかってきていた。

ＳＮＳなどは当然やっていない。仕事はすべて、いままで手掛けてきた仕事の評判から来ているようだった。

当時、まわりの庭師の間でもＳＮＳで発信をやる人が増えてきた時代だった。

個の時代。いかに発信して目立つか。

これからの職人には必要なことどとされていた。その石屋さんの、あえて自分が目立つようなことはしないスタイルは時代に逆行していた。

しかし、自分はその石屋さんがとてつもなくカッコよく見え、自分はＳＮＳをやらないとこのとき決めた。

移住後、狩猟をはじめて2年目のときに、同じ移住者から「狩猟の様子をYouTubeに載せてみないか？」と相談があった。冗談ではないと思った。

ＳＮＳにも疎かったので、

「インスタは暇な人が何を食べたか、ご飯自慢をするため」

「ツイッター（現X）は悪口を言うため」

「YouTubeはくだらない動画がほとんど」

それぐらいの認識しか、当時はなかった。

自分の中で狩猟というものがとても大切になっていたときだったので、それをYouTubeに載せるなんて嫌悪感しかなかった。

それからも、このような迷惑な助言は数名の知り合いからあったが、自分の気持ちは1ミリも動くことはなかった。

「発信することはカッコ悪い」、そう思っていた。

夏に実家に帰省しているときである。旧友たちと飲みながら近況報告をする機会があった。会社を経営していたり、日本酒をつくっていたりする友人もいる。みんな自分の仕事に誇りを持っており、いきいきと話していた。

頑張っている同年代の話は刺激になる。普段聞けない話を聞くのはとても勉強になり、楽しかった。

自分は移住後、特にこれといったことはしておらず、変わったことといえば狩猟をはじめたことぐらいだったので、それを話した。予想以上に面白がって聞いてくれた。

話の後に、

「その経験をYouTubeとかで、世の中のために発信した方がいい。自分の成長にもなると思うよ」

と言ってくれた友人がいた。助言してくれたこの友人は中学生のときからの付き合いで、いまはＣＧアニメーションの会社を経営している。

若い頃からお互い東京に働きに出ていた。仕事やプライベートのことなどさまざまな相談をしており、自分より自分のことがわかっている人間と信頼している。

異性との付き合いが非常に下手な自分を見かねた彼の紹介により、妻とも出会えた。

その彼がYouTubeをやれと言っているのだ。これはただごとではない。

ここで初めて、大嫌いなYouTubeを自分の中でも迷いながらも検討してみることにした。

YouTubeに狩猟動画をアップしてみる

あらためてYouTubeに上がっている狩猟に関する動画を見てみる。これは実際自分でチャンネルを開いてみてわかったことだが、獣の捕獲などの刺激的なシーンはよく見られる傾向にあるようだ。

再生回数によって収益を得ることができる。それなので動画をアップする人も刺激的な動画を上げて、見る人を煽（あお）る傾向にある。

「本当の狩猟の楽しさは、獣を殺すことではなく、山を散策したり、お肉を喜んで食べてくれる人の顔を見ることだ」

と自分は思っていた。センセーショナルな狩猟動画で埋め尽くされている状態は残念に思えた。

そのような動画の中に、冬山の美しさ、わな掛けから捕獲、解体、食べるところまで映している動画をアップしたら、果たしてどのような反応があるか、興味が出てきた。

子どもの頃の、波ひとつ立っていない水面に石を投げてどのような水紋（すいもん）が現れるか見てみたい、という感覚に近いものだった。

加えて、このような出来事があった。僕の知り合いの若い男の子が、わが家に遊びに来てくれたときのことだ。その男の子は異性と付き合うことが苦手らしく、いままで彼女ができたことがないらしい。

なぜできないのかいろいろ話すと、相手の迷惑になったらどうしようとか、極度に自分が傷つくことを怖がっているように思えた。僕は、

「何か新しいことをやるなら、羞恥心（しゅうちしん）などなくせ」と伝えた。

その瞬間、ハッとした。いまの自分にも当てはまるのではないかと。

動画を上げないいちばんの理由は、自分が傷つくことが怖かったからだ。

ただでさえ批判を浴びやすいＳＮＳ上に狩猟動画を上げれば、どういうことになるかは容易に想像できる。どうでもいいことを批判されるのは構わないが、狩猟は自分の中で大切なことになっていた。

技術も知識も、狩猟に対しての考え方も未熟な状態で動画を上げ、批判を浴びることに耐えられるだろうかと思った。

YouTubeをやれと助言をしてくれた彼は、若い頃からアニメーターとして世の中に作品を出している。当然、「誹謗中傷は日常茶飯事だ」と言っていた。

それでも、自分がいいと思うものを世の中に出すことには一切迷いがなく、話すと信念のようなものがいつも伝わってくる。

それに比べて、狩猟は素晴らしいものだと思っているのに、メリットがない、批判が怖いなどから発信をしない自分が、ひどくカッコ悪く思えた。

自分のターニングポイントで、彼はいつも適切な助言を与えてくれていた。

とりあえずやってみよう。

こうして狩猟系YouTuberをやってみることにした。

伝えたいのは獣や自然の美しさ、力強さ

庭師にとって冬、とくに12月は一年で一番の書き入れ時だ。きれいなお庭で新年を迎えたいお客さんが多い。だが、３年目の猟期の間は、狩猟と動画作成に集中するため、仕事はしないことにした。

初めは一人で動画づくりをおこなう予定だったが、当時、庭仕事を手伝ってくれているワタルという人間も同時期にYouTubeをはじめる予定だったので、一緒にやることにした。

さっそく2人で撮影をはじめてみると、いろいろ問題が出てくることがわかった。

実際に山に入ってわなを掛けるところを撮影するときだった。獣道を踏んだり、荒らしたりすると獣が寄りつかなくなるため、「ここに獣道があるから踏まないでね」とワタルに指示するが、数秒後には獣道を踏んでいる。

あと歩き方だ。狩猟のときは、落ち葉の上をなるべく自分の痕跡が残らないように歩かなければならない。自分の痕跡を残しすぎると獣に警戒されるのと、獣の痕跡か自分の痕跡かがわからなくなるからだ。イメージでいうと、忍び足のように歩かなければならない。

けれど、山を歩いたことがないワタルは足を引きずるように歩くので、痕跡を残しまくり

である。これでは狩猟にならない。

まずワタルに獣道と痕跡を残しにくい歩き方を教えることからはじまった。

しかし、すぐに覚えられるようなものではない。獣道を踏まれることもある程度覚悟し、撮影がはじまった。


自分たちがどういう映像にしたいのかもわからないまま、あり合わせの機材を使い撮影して、動画を何本か上げてみる。

その中でいちばんよく見られたのは、大イノシシの捕獲シーンだった。やはり捕獲シーンは世間的に人気があるらしい。しかし、その動画では、自分が山で感じたことをうまく伝えることができていなかった。

自分が表現したかったのは、獣や自然の美しさ、力強さだった。

わなに掛かった状態とはいえ、シカの凜（りん）とした佇（たたず）まい。

動物園のシカとはまったく違う美しい毛並み。

大イノシシの、いますぐ逃げ出したくなるほどの圧倒的な迫力（写真18）。

首を一振りするだけで、鋼材でできた捕獲道具を変形させてしまう力強さ。

厳しい自然の中で鍛え抜かれた彼らの体軀（たいく）を見ると、生物として人間よりはるかに格上の

写真18　ケージや柵なしで間近に接するイノシシの圧倒的な迫力

生き物だと感じる。

なるべく高画質で撮影した方が少しでも伝わるのではないかと思い、動画の撮影できる一眼レフカメラを用意した。

また、山の中を探索しても、撮影ができるほど獣と対峙できる時間はほとんどない。撮影は、やはりわなに掛かった状態でしかできない。

しかし、人間が近づくと暴れ、不必要なストレスがかかったり肉が傷む原因にもなる。遠くから撮影できる機材がほしくなって、望遠レンズも購入することにした。

普段は節約しているので、あまり大きな買い物はしない。機材は全部で40万近くになった。「果たして、こんなにお金をかけてもいいのだろうか？」と思いながら、ワタルと2人で準備をした。

試しに一本の動画をつくってみた。景色のきれいな山奥まで行き、湧き水を汲んでコーヒーを沸かすというものだ。

普段アウトドアっぽいことはやらない。「なんでこんなことやっているんだ？」という気持ちはひとまず封印して、慣れない手つきで屋外でコーヒーを淹れて飲んでみた。

ひととおり撮影を終えて、ワタルと見てみる。機材の力はすごいもので、いままでの動画とは別物になった。

しかし、自分の中で何か違和感があった。

それは自分が中心に映りすぎていることだ。自分が表現したかったのは、自分ではなく、「自分と自然とのあいだにある間」みたいなものだった。ワタルは人物を撮る仕事をしていたこともあって、自分に焦点を当てていた。

なんと伝えれば自分が表現したい動画になるだろうと思っていたときに、ふと、

「タヌキがこっそり茂みから僕を見ているような感じで撮ってくれ」

と伝えたところから、理想に少し近づいてきた。

どのような動画になったかというと、あまりカメラを動かさない、引きの映像で、ほぼ定点での撮影になった。良くも悪くも、撮影者の存在を感じさせないような動画になった。

撮影者のワタルにしたら、いろいろな撮影方法を試したかったと思うが我慢してくれ、自

分のわがままな意向をいまも汲んでくれている。

日本のコメントは9割が肯定的

チャンネル名はよいのが思い浮かばず、田舎生活全般のことを発信したかったので、とりあえずLifeという名前にしてみた。

YouTubeに動画を上げてみると、さまざまなコメントがきた。日本からのコメントは9割が肯定的な意見で、これは予想外だった。

海外からのコメントは肯定的、否定的な意見が半々くらいだ。アメリカ、ロシア、ヨーロッパからは否定的な意見が多かった。

しかし、イタリアからは逆に肯定的な意見が多かった。おそらく、ブタをと畜して食べる文化が理解されているお国柄なのだろう。東南アジア諸国からも、おおむね肯定的な意見が多い。これもイタリアと同じ理由だと思っている。

反響は自分の想像以上だった。普段会えない人と会えたり、自分のような人間に講演会の依頼がきたり、今回のように出版の機会をいただいている。

当然、発信をして嫌な思いをしたこともあったが、それを上回るほどのいいことがあったと感じている。

特に感じるのが、初対面の人と距離が近づくのが早くなったことだ。

自分の動画などを見てくれていると、僕が普段どういう生活をしているか、何を大切に思っているかをなんとなく理解してくれているようで、話が非常にしやすくなってくる。

いまはX、Instagram、それと音声配信のVoicyというSNSでも発信している。この状況を知ったら、先の石屋さんに「そんなことをしている暇があったら、ちゃんと仕事しろ」とお叱りをいただくことは間違いないだろう。

その後、動画の規制も厳しくなり、捕獲動画はすべて収益がつかなくなった。機材面を揃えたり、撮影費用もばかにならないが、細々とだが動画投稿は続けていこうと思っている。

素手で解体をおこなう理由

「手袋しないんですね」

獣の解体を見学に来た人から、このような質問をもらうことがある。

狩猟をはじめる前、「獣の体内はとても臭いのではないか」「手についたにおいが取れないのではないか」といった先入観があった。

魚は捌いたことはあるが、哺乳類などは当然のことながら捌いたことはなかった。ましてや、山に住んでいる獣の内臓など、当時の自分にとっては得体の知れないものだった。病原菌、寄生虫などのリスクもゼロではない。食肉処理場の資料や動画を見ると、みんな手袋をつけている。


そのようなことから、1年目に初めて獲物を解体したときは手袋をつけて解体した。

実際に初めて獣を解体したとき、内臓が発酵した、鼻腔の奥に突き刺さるような独特なにおいがあった。自分の中では、獣の内部、解体という行為自体を不浄なものと判断した。それゆえ手袋をつけて解体していたのだ。


2年目から生け獲りをするようになると、少しずつ意識が変わっていく。

解体するため獣の腹を切り開いたときに、充満するにおいがまったくないのだ。

現代の人間が食品を食べられるか、食べられないか判断するとき、店で食品として売られている賞味期限で判断するだろう。

しかし、遠い昔、自然の中で生活していたときはどうしていたか。おそらく食べることができるか、できないかは、においで判断したのではないか。

その記憶が自分にも残っている。

初年度に解体したときに発生するにおいを嗅（か）ぐと、「果たしてこれは食べ物なのか？」という気持ちがあった。

けれど生け獲りをすると、解体中ににおいがしない。そうなると意識がかなり変わる。解体途中のきれいなお肉を見ると「おいしそう」という気持ちさえ湧いてくる。

不浄なものという気持ちは、いつの間にか消えていった。

また、1年目の猟期中には、獣に対して思い入れのような感情はなかった。岡本さんと2人でやっていたこともあるが、初めて見る獣に対して恐怖心があった。獣を観察する余裕はなかった。

2年目の猟期からは一人で山に入り、獣と対峙するたびに気持ちが少しずつ変わっていく。人間では決して切ることのできない鉄製のワイヤーを切るイノシシの力強さ（写真19）。シカの黒真珠のような美しい瞳（ひとみ）。

彼らは家も持たず、服も持たず、食べるものはすべて自前で用意している。

自分は車、ガソリンを使い山の中を探索し、金属製のワイヤーで狩猟をしている。家も持ち、食料、服なども多くは大量生産に支えられた安い価格で、他人からもらうことができる。

写真19　イノシシの力で引きちぎられたワイヤー（左）。わなのワイヤーを結んだ根付け木ごと引き抜かれた跡

「生き物としたら、彼らの方がはるかに格上の存在なのではないか」獣に対して、このような認識を持ちはじめた。

いまは憧れのような気持ちを持っている。自分が独身ならひょっとしたら彼らのような生活を目指せたかもしれないが、妻や子どもにそれを強要することはできない。

それでも自分の使える時間の中で、獣のことをもっと知りたい。なるべくなら長い時間一緒に過ごしたい。

愛玩動物としてシカやイノシシを飼うことはできる。けれど、ケージで囲い餌をあげた瞬間から、獣ではなく家畜になってしまう。そのようなことはしたくない。

獣と自分が対峙できるのは捕獲から解体、そしてそのお肉を食して自分の血肉となる流れのなかでだ。あまりにも短い時間だ。

せめて獣と対峙できるその瞬間でも、彼らのことを理解し近づきたい。解体中に手袋をしてしまうとそれが阻害される気がして、いつの間にか外してしまった。

解体中、胸骨をノコギリで切り裂くと、胸腔に溜まった血液が現れる。濃く、深く、美しい赤色だ。それが不浄なものとはいまは決して思えない。

彼らが力強く、慎ましく生きる原動力となっている血液。それをじかに手で触ることで自分が清められている感覚がいまはある。

獣肉はまずいという先入観

田舎に移住することが決まって、一つ困ったことがあった。自分は庭師をしているので、スコップなどの穴を掘る道具、木を切るノコギリ、ハサミ、チェーンソー類、左官仕事もするのでモルタルミキサーや大型のバケツなど、さまざまな道具や資材を大量に持っていたことだ。

資材はある程度処分することができるが、道具はすべて持っていきたい。同業者の仲間2人に、トラックで移住先の岡山まで荷物を運んでもらった。

ふだん都会生活をしている人たちだ。せっかく田舎まで来たのだから、自然を堪能して帰ってほしい。夕食はこの近くで手に入る獣肉を振る舞うことにした。

シカ肉を持っている人を訪ね分けていただき、焼き肉にしてみた。部位はモモ肉だったと思う。

食べることはできるが、とにかく硬い。まるでゴムを噛んでいるようだった。味もなく、シカ独特のにおいがする。

物珍しさでみんな喜んでくれているようだったが、「そこまでおいしいものではないんだな」と自分も移住当初は思った。

その後、自分が狩猟をやりはじめて気がついたことがあった。田舎生活をしていると近所の方が野菜をくれることがある。ただもらうだけでは悪いと思い、自分が捕獲した獣肉を渡そうと思っても、誰一人として受け取ってくれない。

特にご高齢の女性は、獣肉というだけで眉をひそめる。どうやら田舎での獣肉の評判はすこぶる悪いようである。

実際にどのような印象があるのか、集落の何人かに聞いてみた。「硬くて、臭くて食べられたものではない」「二度と食べない」とのご意見。「おいしい」という意見は誰からも聞かなかった。

特にシカ肉の評価は低く、「あんなもの食べられるのか？」という意見もあった。よほどひどい状態のシカ肉を食べたのだろう。

生け獲りをはじめてからのお肉を、都会からきた移住者に食べてもらうことがある。とても評判はいい。なぜこのような差があるのだろうか。


まず、いまは狩猟といったら有害鳥獣駆除のためにやっている人が多く、肉質のことまで考えている人がほとんどいないことだ。自分のまわりでも非常に少ない。

以前ウシの食肉処理場に見学に行ったことがあるが、以下のような手順で、素早く枝肉にされていた。

ウシを専用の銃で気絶させ、横になっているウシの喉元に大きいナイフを深くまで入れて放血（血抜き）する。足を吊られたウシを逆さまにし、皮を剝ぎ、内臓を出す。最後に大きいノコギリで左右対照になるように真っ二つに切り、10度以下の冷蔵保管庫に運んでいった。

機械化されているが、それでも想像していたより人間の手仕事が多いことに驚いた。と畜から枝肉になり冷やすまでも、時計で測っていないのでおおよそではあるが、30分ぐらいと非常に早い。

「放血し、内臓を素早く出して、早く冷やす」

これが獣肉をお肉にする際も重要だと自分は考えている。

しかし、これを山の中でおこなうのは大変難しい。その結果、うまく処理できていないお肉を食べてしまった人が獣肉の悪評を広めてしまったのだろう。

シカ肉、イノシシ肉のおいしい時期

獣肉（写真20）には時期による味の違いもある。野生のものなので旬があるという感じだろうか。

発情期の雄の獣肉は独特の香りがする。シカは10月頃が発情期だ。

11月上旬に雄ジカがわなに掛かったときだ。近寄ると、初めて嗅ぐ不思議なにおいがした。特に気にせず、お肉にする。

そのシカの肉を食べたとき、不思議な香りがした。クスノキや樟脳、香水のようなにおい

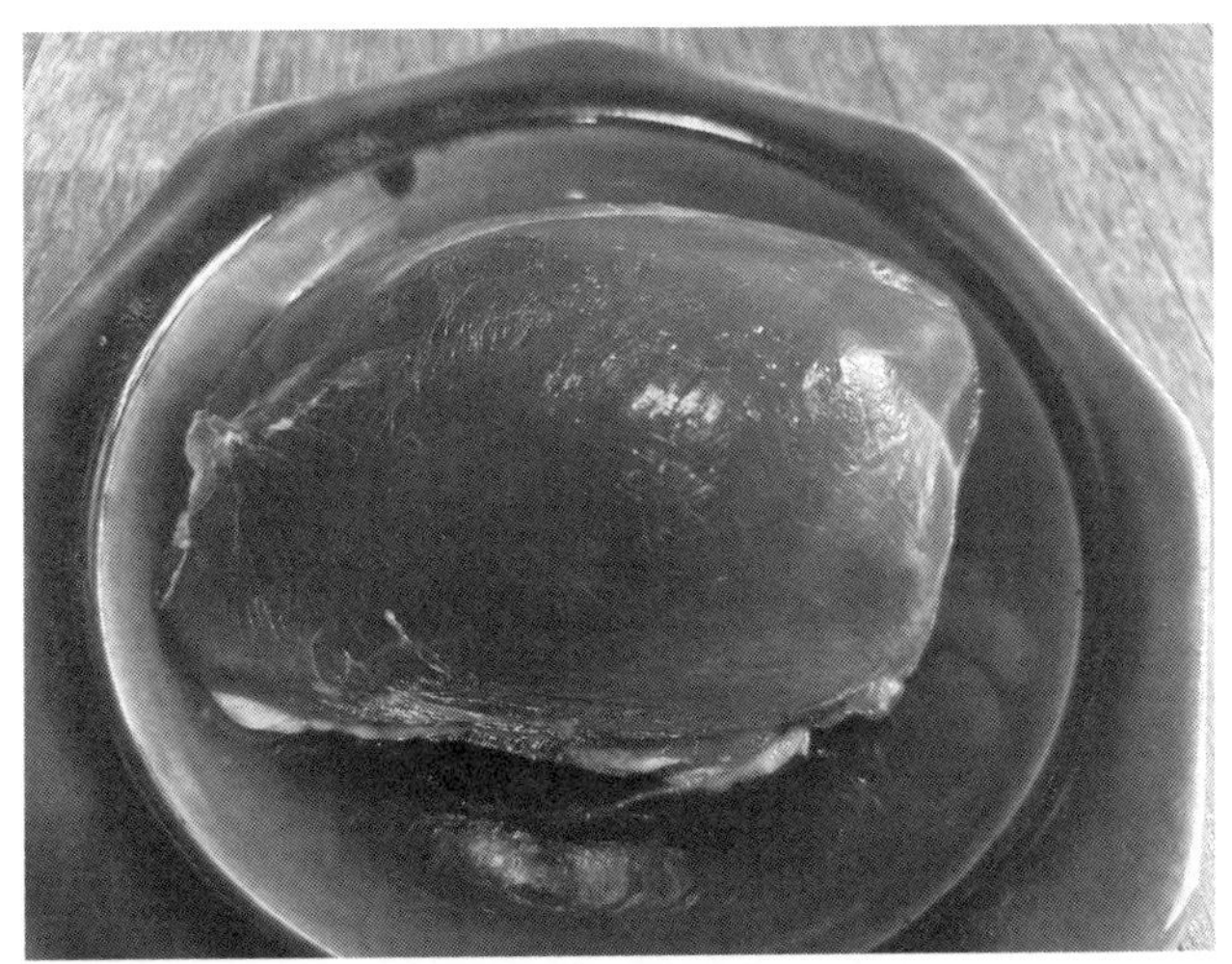

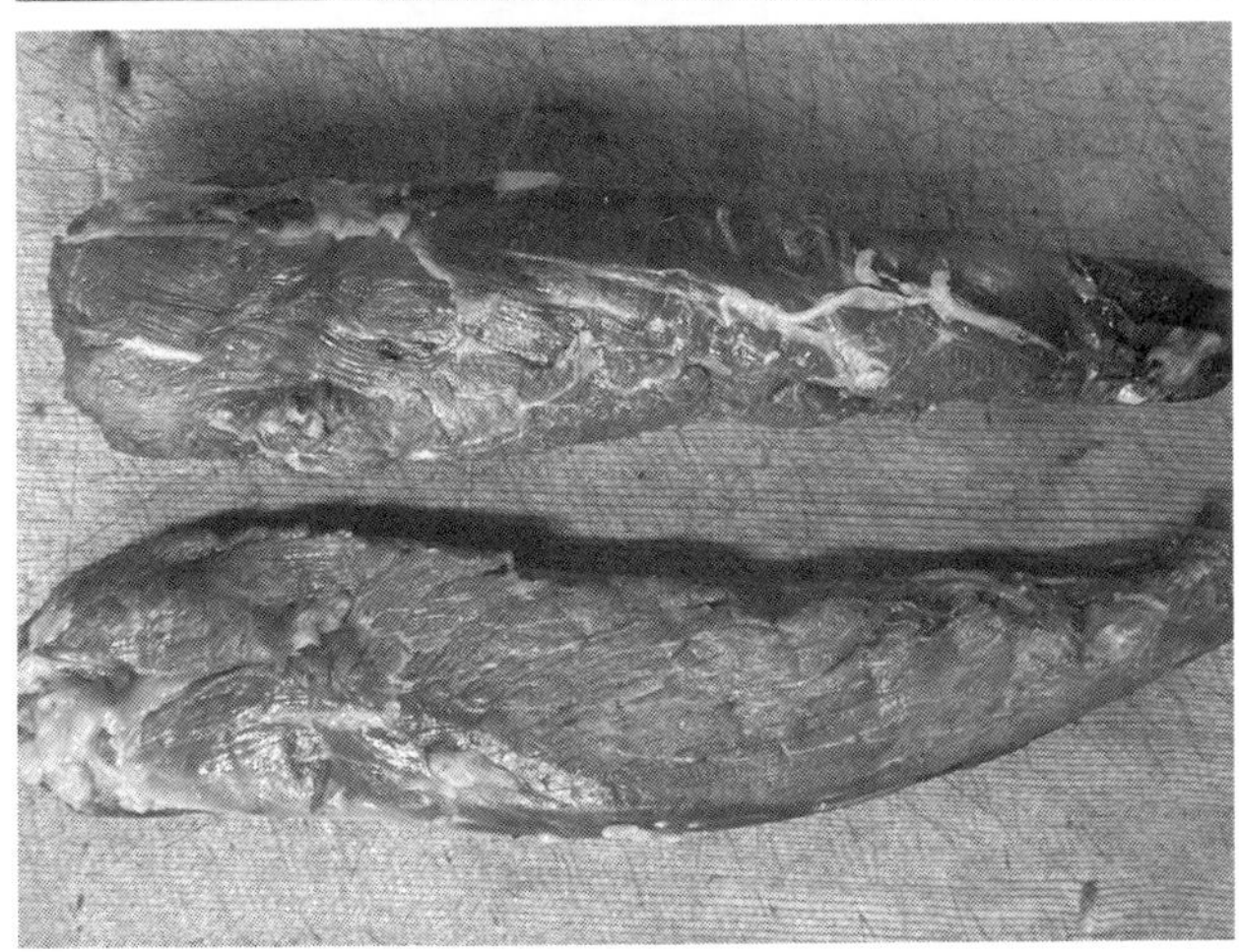

写真20　シカのモモ中心の赤身肉（シンタマ。上）と、イノシシの内ロース（ごくわずかな量しか取れない希少な赤身肉）

だ。食べた直後はそのような香りがしないが、口に入れた数秒後にファーッと口中に広がる。少し違和感があった。

逆に、シカのおいしい時期は夏と聞いたことがある。自分は基本的に冬しか狩猟しないので、夏のシカを捕獲したことはない。

片桐さんのお店で食事をしたときだ。夏の雄ジカのバラ肉を炭火で焼いたものをいただいたことがある。肉の旨みと脂の旨みが口の中に広がり、大変おいしかった。

冬のシカの脂を自分は食べない。舌や口にまとわりつき、おいしくなかったからだ。夏のシカの脂は冬の脂と何かが違うらしい。肉自体も味が濃く感じた。

冬ジカと夏ジカ、どちらがおいしいかと言われても、比較できるほど食べたことがないので、自分ではこちらだと明確には言えない。

イノシシは明らかに冬の方がおいしい。秋口から山にはナラ、カシなどのドングリが落ちはじめる。それらを貪って蓄えられた脂は最高においしいのだ。

脂の乗り切ったロースをフライパンで焼くと、すぐに脂が溶けて、フライパンの底が溶けた脂でいっぱいになる。焼けた肉を口に入れると、旨みの強い脂が口いっぱいに広がる。鼻を抜ける風味も心地よく、和牛の脂よりもずっと軽い。青魚の脂に近い軽さだ。これだけ食べれば胃もたれするだろうという量の脂を食べても胃もたれしない。

しかし、雄イノシシは年明けから発情期に入る。こちらは独特の獣臭が強くなる。1月ならなんとか食べられるが、2月になると獣臭が強かった。

あと、雄イノシシは発情期になると餌を食べなくなり、一心不乱に雌を探す。痩せておいしい白い脂が少なくなり、脂自体もヨロイという硬い脂になってきて食べられない部分が出てくる。

猟師の間でも年明けのイノシシは人気がない。しかし皮肉なことに、年明けの雄イノシシというのは注意力が不足しているようで、わなに掛かりやすい。自分が狩猟1年目に捕獲したのもそういった雄イノシシだったのだろう。

においが気にならないものはそのまま食べてしまう。においがきついものは燻製にして食べる。普段ならイノシシの香りが消えてしまうのでもったいないと思ってしまうのだが、この時期の雄イノシシなら気兼ねなく燻製にできる。

雌イノシシは発情期に入っても餌を食べ続け、年明けでも十分おいしい。

自然相手のものなので、なかなか思うとおりの獣を捕獲することはできない。選り好みせず、いまはわなに掛かった獲物を山からの贈り物と思って狩猟をしている。

生け獲りを選択している理由

猟期1年目の12月下旬のことだ。田んぼの片隅(かたすみ)にオレンジ色の服と帽子をつけた集団がいるのを見かける。オレンジは猟師が身につける色だ。人数は10人程度。

後日、岡本さんにお会いしたとき、あの集団は何なのか質問する。

「あれは巻狩(まきが)りゆーて、鉄砲を使った猟じゃ」と教えてもらった。

勢子(せこ)という役の人が獣を追い立てる。逃げてきた獣を、立間(たつま)という役の人が鉄砲でとどめを刺す。そのため、ある程度人数が必要な狩猟だ。

自分はこの狩猟を選択しなかった。なぜなら一頭獲れたときの分け前が少なくなるからだ。よく勘違いされるのだが、獣を一頭捕獲すると、とんでもない量のお肉がとれると思っている人がいる。実際はそうではない。

イノシシの大きいものだと、重量の半分以上も可食部位にできることもある。しかし、近所の鉄砲猟師さんと話すと、最近はイノシシがなかなか捕獲できないようだ。

それゆえ、自分の近くの地域では巻狩りのメインはシカになる。シカは歩留(ぶど)まりが悪く、体重に対してお肉にできる量がよくて3割ほどだ。猟師の間で人気のあるロースやモモ肉だけとなると、もっと少なくなる。

それを10人で分けたら、ほんの少しの肉しか手に入らない。

自分は短時間で多くの食材がほしかったので、一頭丸ごと自分のものにできるわな猟にした。また、昔から団体行動ができない自分には、一人でできるわな猟が向いているとも思った。

初めはこのような理由でくくりわな猟をはじめた。２年目からくくりわな猟で生け獲りをやってみると、じつに理にかなった猟法だと感じる。片桐さんの見よう見まねで狩猟をしている自分が生け獲りについて語るのは大変恐縮だが、その魅力を語ってみようと思う。

▼止め刺しがしやすく、肉質も向上

初年度、初めてシカを自分で解体したときのことだ。夕方にシカを解体する。後ろ足をステンレスのトレーに入れて、一晩冷蔵庫の中に置いておく。

翌朝取り出すと、トレーの底が真っ赤になるほど血が溜まっていた。表面に付着している血液を拭(ふ)き取り、骨から外す作業に入る。

解体するとわかるのだが、後ろ足といっても、ひと塊(かたまり)の肉ではない。外モモ、内モモ、シ

写真21　冷蔵庫に２日入れて水分を飛ばしたシカの後ろ足

ンタマ、ヒレもどきなど、それぞれの部位が筋膜に包まれ独立している。

それら筒状の筋肉が合わさったものが、一本の足になる（写真21）。

保存しやすくするため、部位ごとの間の筋膜をナイフで削いで剝がしていく。

さらに、骨を抜きながら部位に分けていく。このときに血管があり、そこから血液が出る。筋膜に血液が付着すると解体作業がやりづらくなるので、血液を拭きながら作業する。

骨に近い内部には、ゼリー状の血溜まりのようなものがある。それも拭き取る。

骨抜き作業が終わった後、まな板の上は血だらけであった。お肉に触っても水気が多い手触り。血がいつまでも滲んでいる肉だった。

いちばんの原因は、自分の止め刺しの技術が未熟だったからだ。味もシカ肉独特のにおいがした。

生け獲りをするようになってから、不思議なことに気がつく。

後ろ足をトレーに一晩置いても、ステンレスのトレーの下にはまったく血が溜まっていないのだ。トレーの底に血がほんのりついているぐらいである。

血管を切っても血は出ず、血溜まりもない。そのおかげで、筋膜と筋膜の境目がよく見えて解体しやすい。

シカ肉独特のにおいもしない。代わりに塩気のよくきいた桜餅のような、いいにおいがするときもある。触るとしっとりと手に吸いつくような感覚だった。

見た目も美しい。肉も柔らかく、おいしい。

そして、妻が食べてくれるようになった。

見よう見まねでおこなっている自分の生け獲りでさえ、肉質は明らかに向上した。

肉質が向上した原因の一つは、血抜きが上手になったことだ。

生け獲りは山の中でロープで縛（しば）り、動けなくして解体小屋まで持ち帰る。平坦（へいたん）な土間で仰向けに固定して、止め刺しをする。

山の中の足場の悪いところでするより、安心して集中しながら作業ができる。自分のような経験の浅い猟師にとって、このことが大きい。

片桐さんのおこなっている生け獲りが、いかに肉質のために優れている猟法かがわかった。

▼時間がコントロールしやすい

生け獲り猟の一日はこのようなスケジュールである。

朝7時頃からわな場を見回る。そこで獣がいれば捕獲して車に積む。残りのわなをすべて見て、日中用事がなければわなの増設。その後、獲物を家まで運ぶ。午前中に家に帰り、夕方まで安静にさせて止め刺し。このような流れだ。

普通のくくりわな猟の場合は、その場で止め刺ししなければならない。動物は死後、消化器官の中の内容物が発酵して熱を出す。これが肉質に悪影響を及ぼす。

それゆえ、止め刺し後、わなに掛かっている場所、もしくは家に持って帰ってからすぐに内臓を取り出さなければならない。日中、特に午前中に用事があるときなどは忙(せわ)しなくなるだろう。

生け獲りは生きたまま家に持って帰るので、捕獲後、最長夕方まで放置できる。他のわなの捕獲作業があっても日中に予定があっても、困ることはない。

獣がわなに掛かっていても、自分の使う時間がコントロールしやすいのが生け獲り猟のいいところだ。

▼複数頭わなに掛かっていても対応可能

くくりわなは一日に何頭掛かるか、コントロールできない。ゼロの場合もあるし3頭掛かることもある。第2章で述べたように猟期2年目にも、そして2022年にも3頭掛かっていたことがあった。

捕獲を3回おこない、家には午前11時頃に到着する。夕方止め刺しし、内臓出しを3回連続でおこなう。ものすごく大変だったが、一人で一日のうちに終わった。

生け獲りをしていなかったらどうだろう。

1頭発見するたびに、捕獲・止め刺しをしなければならない。

自分の住んでいるところは、冬でも日中温度は10度以上になることが多い。その場合は肉質を保つため、即座に冷却をしなければならないと考えている。

冷却方法は沢水につけると仮定する。まず1頭目を止め刺しして内臓を出し、沢まで持っていき水につける。そしてまた見回りの続きをはじめる。2頭目を発見したら、止め刺しして、また沢に行かなければならない。3頭目も同じだ。

沢もどこでもいいわけではない。水質がよく、水温が低く、運び出しやすく、人目につきにくいところがいい。

わなの場所から遠くても、そこまで持っていかなければならない。とても時間がかかる。おそらく作業が終わるのは夕方になるだろう。

見回りを翌日に持ち越すことはできない。ルールで毎日見回ることが決まっているのもあるが、わなに掛かっている時間が長いほど肉質が悪くなるからだ。特にシカは、最悪の場合死んでしまうことがある。

複数頭かかっていた場合も、生け獲りはとても有効な方法だ。

▼水につけなくていい

止め刺し後は、肉質を保つために冷却しなければならないと書いた。自分の住んでいる地域は冬の猟期中でも日中は暖かい。昼間だと15度ぐらいになることもある。10度以上だとハエが冬でも集まってくるから、解体すると不衛生だ。

そのためまわりの猟師の多くは、山で止め刺し後、沢水につけて冷却している。

初年度は沢水につけていた。しかしこれがまた大変なのだ。

水が流れているところは、だいたい道から離れている。そこまで獣を運搬するのもひと苦労だ。沢水に冷やした後、また車に積み込み、家まで運ばないといけない。

肉質にも悪影響が出ると考えている。

沢水につける前に内臓を出すため、腹は切り開いている。特に水に直接触れる腹の付近の部位であるバラ肉、モモ肉の一部が、水焼けといって白くふやけてしまう。沢の中の落ち葉や小枝が肉に付着してしまうこともある。見た目も悪くなるので、どうにかならないかと思っていた。

生け獲りをしてからは、沢水につけなくてよくなった。先に書いたように、生け獲りは止め刺しの時間を自分でコントロールすることができる。

暖かい日中と違って、日が暮れると一気に温度が下がり、10度以下になる。ハエも飛ばなくなる。このタイミングで止め刺しをして、解体して吊るすと、外気が冷たいので肉が一気に冷やされる。

水につけなくなって、肉の味、風味、見た目も向上したと思う。

マイナス5度の中で作業することもある。体にはこたえるが、外気温が低い方が衛生的に作業できる。

自分が住んでいるような日中の外気温が高い地域では、特に生け獲りは有効だと感じる。

▼マダニがつかない

猟師の間で嫌われ者のマダニ。自分の住んでいる地域は生息数が多い。ササの葉っぱなどにズボンの裾(すそ)が触れると高確率でくっついてくる。

吸血性で、大きいものに刺されると3ヵ月ぐらい痛痒(いたがゆ)く、感染症による死亡例もある。

自分が刺されるならまだしも、家に持ち込んでしまうと家族が刺されてしまうので、服に付着しないように細心の注意を払わないといけない。

山で止め刺しをする場合、軽トラやトロ舟(プラスチック箱)に獣を載せて運搬する。寄生していた動物が死ぬと、マダニは宿主(やどぬし)から離れていくため、運搬後、トロ舟や軽トラの荷台にマダニが付着していることがある。それらを見逃さないようにつぶしたり、お湯をかけたりして殺さなければならない。時間を取られる作業だ。

一方、生け獲りをした場合は軽トラの荷台に直接載せるが、マダニが荷台に付着していたことは一度もない。

山から降ろすときには自分が獣を担ぐ。獣と体を密着させるわけだが、服には付着したことがない。宿主が生きている間はよほどのことがない限り離れないのだろう。

生け獲りの場合は止め刺し後、内臓を摘出し逆さまに吊るしておく（写真22）。イノシシは翌朝皮を剥ぐので、その下にプラスチックのトロ舟を置き、水を張っておく。

すると、イノシシから離れたマダニが下の水に落ちていく。死にはしないが動けないようだ。さらに、解体前にカーペットを掃除するコロコロで、イノシシの毛皮に残っているマダニを掃除する。

写真22　内臓摘出後、逆さ吊りにしたイノシシ。マダニはここから脱落する

シカは止め刺し、内臓摘

出後、皮をすぐに剥いでしまう。このときはまだ体温が高いので毛皮から離れないため、自分に付着したことはない。

運搬中にマダニの心配をしなくていいのは、生け獲り猟での肉質以外の魅力的な部分だ。

▼内臓がおいしく食べられる

初年度のイノシシの解体中、内臓を見たときのことだ。色がくすんだように黒く、独特のにおいがしたので「食べ物」という認識は持てなかった。まわりの猟師にも、内臓を食べる人はいなかった。

片桐さんの動画を見て、内臓が食べられることを初めて知ったのだ。

生け獲り猟は、心肺停止後にすぐに内臓を取り出す。

「放血後すぐにおなかを切り開いたとき、蠕動運動をしているときに内臓の掃除をします」

片桐さんが登場するムックの記事にこう書いてあったが、読んだときはよく意味がわかっていなかった。

実際に自分で生け獲り猟をしたときだ。止め刺し直後の内臓をまな板の上に置く。すると腸はまるで生きているかのように、うねりながら動いている。実際やってみて、初めて理解できた。

この段階で処理した内臓は色も鮮やかで、食べてもおいしい。

腸の処理は、ホースやシャワーなど水道設備の整った環境でないと難しい。多くの猟法は山の中で止め刺しをする。そうすると洗うまでに時間がかかってしまう。その間に死後、発酵した内容物のにおいが腸壁に染みついてしまうと考えている。

山の中で止め刺しをする場合は、スピーディーな腸の処理はほぼ不可能だろう。それゆえ、獣の腸を食べる場合は、茹でこぼしをして食べることが多いようだ。茹でこぼしをすれば臭みも取れるが、旨みも取れてしまうのではないか。

生け獲りをして迅速に処理した腸なら、茹でこぼしをせずに食べられる。だから本来の旨みを味わえるのだ。

また、「臓器は休んでいる状態の方がおいしい」とも本に書いてあった。

初年度も内臓は心臓、肝臓を食べていたが、あまりおいしいとは思えなかった。特に肝臓はいくら洗っても血が滲んでいた。

生け獲りをしてからは、肝臓の色味が鮮やかに明るくなり、一度洗えば血が滲むようなことはなくなった。

山で対峙する獣は死に物ぐるいで抵抗する。しかし、四肢を結ばれ、目隠しをされた動物は驚くほどにおとなしい。安静にさせることは大事なのだろう。これは肉質にも大きく影響すると考えている。

自分も妻も、スーパーで売られているレバーは苦手で昔から食べない。けれど、生け獲り猟のレバーは味が全然違うので、競い合って食べるごちそうだ。

駆除と狩猟は違う

有害鳥獣駆除。なんとも人間目線から見た身勝手なネーミングだ。農作物や環境保護のため、シカやイノシシなど有害鳥獣を捕獲することだ。国の政策では、2011年度に生息していたシカ約310万頭、イノシシ約120万頭を半減させるのが目標だという。

わが家にとって獣はとても貴重なタンパク源なので、有害などとはまったく思わない。だが獣による農作物の被害は、自分が住んでいる地域でもある。

自分の集落は棚田（たなだ）が広がっている。5月に田植えをしてからしばらくすると、伸びた穂先をシカが食べにくる。一度穂先を食べられた稲は生育が悪くなり、実りが悪くなる。

10月になり収穫の時期になると、今度はイノシシが実った米を狙いにやってくる。この時期にイノシシに田んぼに入られると、においが米について売り物にならないと農家の方から聞いた。

そのためすべての田んぼのまわりには金属製のフェンスが設置されている。それをシカやイノシシはこじ開けたり、飛び越えたりして入ってくる。

自分が狩猟をしていると、よく農家の方から声をかけられる。「あいつらは悪さをするから、もっとたくさん駆除してくれ」と言われる。

丹精に育てた作物を食べられれば、獣に対して殺意に近い気持ちが湧いてくるのも理解できる。けれど、獣はただ生きているだけなのだ。極悪人扱いされる獣たちのことを考えると不憫に思う。

捕獲してくれと僕に言ってくる人たちの表情を見ると、被害を減らしたいというより、獣に対しての復讐心のようなものを感じる。

獣を多少捕獲しても被害は減らない。絶滅でもさせれば被害をなくすことはできるだろう。果たして、そんなことをして何の意味があるのだろう。意味があるとして、誰がやるのだろうか。

狩猟をはじめた当初、岡本さん以外の猟師の下についたことがある。ご年配の、駆除メインの猟師さんだった。時期は田植えが終わった5月中旬のことだ。

田んぼの脇に設置されたくくりわなにシカが掛かる。わなに掛かったシカは散弾銃で撃ち殺され、一口も食べられずに捨てられる。まさに駆除であった。

地域の農業を守るためには必要なのだろう。しかし、そこで見た光景は、自分の中で嫌悪(けんお)感しか残らなかった。

これは僕の望んでいる狩猟とあまりにもかけ離れていた。

いまも農家の方に獣を捕獲してくれと言われるが、「自分の畑のことなんだから、自分でやってくれ」と本音では思う。

捕獲された有害鳥獣は殺処分される。お肉になるのは約1割で、9割は捨てられていると聞く。ただ殺すだけの駆除は、心にかかる負荷があまりにも大きい。報奨金も出るが気休めにもならない。自分の中で納得できる、意味がある狩猟しかしたくない。

それなのでいまは、家族や大切な人に獣肉を食べてもらうためにやっている。


それともう一つ、「獣肉はとてもおいしいもの」と広めるために狩猟をしている。それにはこういった理由がある。

人間がなりふり構わず、本気を出せば獣を絶滅させることはできるだろう。高性能のわなや銃などの道具が現代にはある。

だが、自分は今後も家族に獣肉を食べさせたいし、子孫にもこの文化を残していきたいから、獣を絶滅させられたら困るのだ。

とても不本意な言い方だが、人間が獣に生存権を与えなければ、彼らは今後生きていくことができないだろう。だからできる限りおいしいお肉になるように獣を捕らえ、人間にとって大切なものだと認識してもらう必要がある。

そのことで獣に生存権が与えられると考えている。

自分がＳＮＳで狩猟の魅力を発信したり、まわりの人にお肉を食べてもらうことをしているのはそのためだ。

楽しく素晴らしい狩猟

狩猟について発信していて、大変うれしいことがあった。Instagram のダイレクトメッセージに20歳の男の子から連絡がきたのだ。猟師に興味を持ち、いまはある猟師のもとで勉強しており、一度自分の話を聞いてみたいとの内容だった。

わが家に来てもらい、彼の話を聞く。彼は当初お金を持つことに興味があり、社長になることを目標にしていたようだった。自分の YouTube 動画を見て、こういう生活がしたいと思い、路線変更して猟師の勉強をしているようだった。

彼はこう語ってくれた。

「ほかのYouTubeも見たが、獣を殺すシーン、捕獲した獲物の自慢のような動画が多く、惹かれるものはなかった。里山と獣の美しさ。獣肉を食べる素晴らしさを前面に出した動画に共感した」

いまの狩猟に関係するニュースを見ると、獣の個体調整のため誰かがやらないといけないから、仕方なく猟師が駆除している、という内容をよく見かける。

しかし、狩猟が素晴らしい文化だと伝える内容を見かけることは少ない（写真23）。

動物を殺す作業が工程の中に含まれるのが狩猟だ。楽しそうに狩猟をしていると批判の対象になることは想定できる。

そういったことに対するテレビ局などの編集意図もあるのだろうが、画面に出てくる猟師さんの表情はどこかつらそうに感じた。一人の猟師に対する負担が大きすぎるのではないか。

これを見て、猟師になりたいと思う若い人は出てくるのだろうか？

「誰かがやらないといけない駆除」から、「みんながやりたい狩猟」にはできないのだろうか。

報奨金目当ての有害鳥獣駆除ではなく、意欲的に楽しく狩猟する人間が増えることが本当

写真23　わな場の見回り（上）と雪上についた獣の足跡。自然の中で獣にじかに触れることができる狩猟は楽しい

の意味での獣害対策になると考えている。

それゆえ、彼のような存在に出会えたことは大変うれしかった。

今後、実際に狩猟する人口は激減するのではないかと危惧(きぐ)している。

先日、狩猟免許の更新に行ったのだが、会場を見渡すと平均年齢70歳以上だった。若い人など自分を含め数人だった。10年後、会場のほとんどの人は猟をしていないだろう。

現状の大人数を占める高齢猟師に報奨金として補助金をばら撒くことが、本当に必要な獣害対策なのだろうか。

報奨金を出すことによって「獣＝お金」になる。ただでさえ狩猟欲という強い欲に、お金がからみ、猟師のナワバリ意識が強くなっているのではないか。

猟師のナワバリは、ある猟師がわなを掛けた近くにわなを掛けてはいけない、という暗黙のルールのようなものだ。「近く」の定義は、50メートル、100メートル、その山一帯、その地域一帯、とそれぞれの猟師によって違う。

「まったく気にしないでわなを掛けていいよ」と言ってくれる猟師もいれば、かなり離れたところにわなを掛けても文句を言われたこともある。

新しく狩猟をはじめる人がこの暗黙のルールを熟知するのは難しいだろう。

岡本さんのように、自分のような若手に親切な猟師も多くいるが、全員がそうではない。トラブルに遭（あ）う話はよく聞く。古参の猟師にわなを盗まれたり、わなに掛かった獣を盗まれたりしたという信じられないような話も聞いたことがある。

新規にわな猟をはじめる人にとってのいちばんの弊害（へいがい）は、既存のナワバリ意識が強すぎる猟師の存在ではないか。

それと国の協力体制の不備も感じる。補助金は新しく狩猟をはじめる人のサポートなどに使ってほしいものだ。これからは若い猟師などが山間部を守っていくのだから。

20歳の彼は将来、狩猟に関する会社を立ち上げることを目標にしているようだ。猟師というのはカッコよく、稼げるというモデルをつくりたいらしい。

語っている彼の目は輝いていた。自分の信念を人前で話せる人間は、年齢に関係なく尊敬できる。ぜひ実現してほしいと思っている。

イノシシの巣窟と化したワイナリー

知り合い経由でワイナリーの獣害対策の依頼がきた。打ち合わせの日時、住所をメールでやり取りする。

グーグルマップで場所を確認するとかなり山奥である。こんな場所でブドウをつくれば、被害が出ない方がおかしいという場所だ。

圃場の広さは8ヘクタール、ブドウの木は1・5万本以上というみごとなブドウ畑だった。

到着すると、栽培と醸造両方を兼任されている責任者の方が、園内を案内してくれた。

まわりは山に囲まれており、山際も圃場のすぐ近くまで来ている。

鳥の声もよく聞こえ、遠くの山々を見渡せ、眺めもいい。風もゆっくり、つねに流れており、滞在していてじつに気持ちがいい場所だった。

歩きながら園内と反対の山際を横目で見る。イノシシの痕跡が自分のまわりの山より明らかに多い。

ブドウの実は9月頃から収穫がはじまり、11月までかかる。この間にイノシシやアナグマがほぼ毎晩、ブドウを食べに来る。推定3トンほども食べられているようだ。被害金額は相当なものである。そして実を食べるとき、イノシシは枝を引きちぎって食べるのだ。そうなってくると翌年の収穫減少にもつながる。

鉄製のフェンスは二重にされており頑丈に思えたが、どこか弱いところを狙ってフェンスをこじ開け、ブドウ畑に侵入してくるようだ。

ワインは収穫と醸造が同時におこなわれる。そのため、９月からワイナリーは繁忙期に入る。その最中にイノシシたちの襲撃が来るわけだ。ただでさえ忙しいのに、その対策に追われる。ワイナリーで働いている人には、体力的にも心理的にも、イノシシの襲撃の負荷が大きいようだ。

夏はイノシシにとって食べ物がもっともない時期だ。９月になりおいしそうなブドウが園内に実っていれば、イノシシが食べたくなる気持ちはわかる。

ブドウを実際いただいたが、自分がイノシシなら、たしかにフェンスをこじ開けてでも食べたくなるおいしさだった。

園内をひととおり案内していただいた後に、山に実際入ってみる。思わずわなを仕掛けたくなるほど獣道が濃く、本数も多い。

まさにイノシシの巣窟（そうくつ）である。

このブドウを目当てに、相当数のイノシシが集まっている。

自分の力量ではどうしようもできない。守る面積も広く、イノシシの数が多すぎるのだ。

どうやってお断りするか、山を下りながら考える。

大量のわなを設置し捕獲すれば、一時的には被害を減らすことはできるかもしれない。けれど、ここまでイノシシにとって魅力的な場所なら、またよそからイノシシが来るだろう。捕獲に頼る対策は、血で血を洗うようなものだ。

責任者の方に正直に自分の気持ちを伝えて、お断りしようと決める。帰る挨拶(あいさつ)をしようと、作業中の責任者の方に話しかけると、

「せっかくなのでワインを試飲してください」と言われた。

ワインというのは樽(たる)の材質が木でできているか、ステンレスでできているかで味が違うようだ。一樽ごとにまるでわが子を愛おしむように、目を輝かせて樽の説明してくれる。

どれも個性があり、香りが心地よく、いつまでも飲んでいたいワインだ。ここまで大切にワインづくりをされているなら、その原料が無惨(むざん)に食い荒らされるのは断腸(だんちょう)の思いだろう。つくり手の情熱がワインを通じて伝わってきた。この状況で仕事を断ることはできなかった。対策を考え、後日連絡すると伝え、ワイナリーを後にした。

獣の習性を活かした獣害対策

いろいろ考えて無理でしたと伝えようか？　けれど責任者の方のワインに対する真摯(しんし)な向き合い方を思い出すと、なんとかしてあげたいとも思う。

人間側も命懸けのモノづくりなのだ。

あれやこれやと考えているうちに、一人の猟師の存在が浮かんできた。赤田龍太郎君。僕より年下の猟師だが、猟師歴は10年以上の大先輩だ。彼はヨイク君というオオカミ犬とともに、駆除にこだわらずに、追い払いといった方法で獣害対策をしている。

「すまないイノシシ。今回は人間の味方をするぞ」と心の中で呟き、赤田君に電話をかける。ワイナリーの状況を説明して仕事を頼めるかお願いしてみた。

状況を見てみないとわからないとのことだったので、後日、自分とともに現地に行く。責任者の方にイノシシの習性を赤田君が説明しているのを聞いて驚いた。自分も本やネットでいろいろ調べてはいる方だが、彼の実体験に基づいたイノシシの習性の理解、そしてそれに基づいた対策の方法はじつに理にかなっていた。

企業秘密なので詳しくは書けないが、これならいけるのではと思い、お願いすることにした。

実際に対策の様子を見学させてもらった。

夕暮れの美しい園内。ヨイク君とともに颯爽と見回りをする赤田君の姿に、新しい獣害対策の可能性を感じた。

一年を通じて対策をした結果、9割以上被害が減ったようだ。自分が捕獲、もしくは大勢の猟師で捕獲していてもこの結果は出ず、費用ばかりかかっていただろう。イノシシの習性を熟知している彼は、じつにみごとに、効果的にやったのである。

雨が降り、服が濡れるのが嫌だから雨をなくそう、とする人はいない。傘をさしたり、カッパを着たりする。

獣害も、雨と同じく自然現象だ。獣はいるものとして、雨が降ったときのように傘をさすような対策が今後必要だ。今回、赤田君がおこなった対策はまさにそのような行為だった。今後いろいろな傘のさし方が生まれてくれば、人間にとっても、獣にとってもいまよりはよい方向にいけると信じている。それを感じることのできるよい出来事だった。

獣肉を商売にできないか

明るい冬山の中で五感を集中させる。その状態で獣道を探索する。この瞬間が、狩猟のさまざまなプロセスの中で自分はいちばん好きだ。冬山に限らず、年中このようなことができれば、どんなに楽しいだろうと思った。

自分が億万長者なら年中、山の中を散歩して生活することができる。しかし、いまは残念ながら仕事をしなければ生活はできない。

当然のことながら、獣肉を獲って売ることを商売にしようと考えた。

しかし、実際に一人で狩猟という作業をしてみると、大変なんてものではない。

朝は早朝に起きてわなの見回り。獣がいれば捕獲がはじまり、捕獲後はわなの再設置をしなければならない。その後、運搬、止め刺し、皮剝ぎ、精肉、パッケージと続いていく。目の回る忙しさだ。

商売をするとなれば、捕獲頭数を多くしなければならない。本気で商売にしようと思っていたので、食肉加工施設を運営するために年間どのくらいの捕獲頭数が必要か、国の機関に相談してみた。

どのような形態で運営するかによって違ってくるだろうが、返ってきた答えは最低２００頭必要だとのこと。

仮にそうなってくると、わなの個数も多くなる。仕掛ける範囲も広くなってくる。

シカやイノシシが狩猟者にとって価値がないものなら、何も問題はない。いまは有害鳥獣駆除という政策によって、捕獲したら報奨金が支払われている。

自分の地域では、一頭捕獲で2万円近くが支払われている。田舎の猟師にとっては貴重な現金収入である。

それだけにナワバリ意識も強い。自分がわなをたくさん掛ければ、他の猟師とのトラブルは当然増えてくるだろう。

広範囲にわなを仕掛けることによって、見回りの時間も長くなってくる。いまは1時間もあれば見回りは終わるのだが、半日近くかかってくる。

イノシシが掛かっていた場合は、解体に特に時間がかかる。止め刺し、内臓処理などをして、一晩干して次の日の早朝、皮剝ぎをする。

この皮剝ぎが大変なのだ。剝いだ皮に脂を残さないように、寒い中少しずつ剝いでいく。力の入れ具合を間違えると肉の表面を切ってしまい、見た目が悪くなってしまう。中腰のため腰も痛い。

器用さと集中力が求められる作業だ。不器用で大雑把（おおざっぱ）な性格の自分にはつらい作業である。これに3時間はかかってしまう。

いまは自家消費用のため多少、皮を剝いだ後の見た目が悪くなっても構わないが、売るとなるとそういうわけにはいかない。衛生面もいまよりもっと気を使わなければならない。いまの倍の時間がかかってしまうだろう。

皮を剝いだ後は抜骨をして、精肉をして、真空パック機でパッケージをする。終わる頃にはヘトヘトである。

そして販売するとなると、シカなら背ロースやモモ、イノシシでいえば背ロース、バラ肉、モモなどはお客のものになり、家で普段から食べることはできないだろう。

販売するには保健所から許可を得た食肉加工施設を建設しなければならず、これにも多額の費用がかかってくる。


しかし、これらは僕の中ではたいした問題ではない。

いちばんの問題は、自分が獣に対して思い入れみたいなものを持ってしまっていることだ。山で対峙して、生け獲りにして家に持って帰り夕方に止め刺しをするのだが、それまで庭先の小屋に寝かせている。ときたま様子を見に行くのだが、おとなしくしている獣を見るとなんとも言えない気分になってくる。

普段、意識的に口には出さないようにしていることがある。シカなどを見ているとあまりの愛くるしさから、撫(な)でたくなってきてしまい、愛おしくなってしまう。

最後は食べてしまうのに変な話かもしれないが、実際そういった気持ちが湧いてきてしまうのだ。

狩猟を続けていると、獣の美しさ、凛(りん)とした佇(たたず)まいに惹かれ、それが年々強くなってしまっている。

いまは家族や、大切な知り合いに食べてもらい、喜んでくれている声を聞ける。それなので、自分の中で納得して狩猟をしている。

しかし商売をはじめてしまうとどうだろう。大きな資本の中に巻き込まれて、自分の目の届かないところに獣の肉が行ってしまうのではないかと考えている。

いまは仮に自分が気に入らない人にどんなにお金を積まれても、一切れもお肉を渡す気はない。しかし、商売にしてしまうと、利益をあげなければならないので、そんなきれいごとは言っていられないだろう。

できればいまは、このままきれいごとを言い続けたい。

自分の狩猟の目的は家族に食べてもらうことが第一なので、いまは諦めることにした。

しかし年々、「売ってほしい」「お店で使いたい」というありがたい声をいただくようになってきた。

狩猟をこのまま続け、技術が向上して効率的に狩猟がおこなえるようになったときに、あらためてお肉を販売することも考えたいと思っている。

山奥の素敵なパン屋さん

わが家はあまり外出しない。田舎に引っ越してからも、基本的には家で過ごしていることが多い。都市にいる頃は、「あそこのお店がおいしい」と聞くと出向いていた。けれど、おいしい獣肉を食べられるようになって、外食をすることも少なくなった。

そんなわが家だが、定期的に通っているココペリというパン屋さんがある。

移住してしばらくしてから通い続けているので、もう5年近くは経つが、初めて行ったときのことはいまでも覚えている。

岡山の地方雑誌でパン特集をしていた。その中で抜群のロケーションのパン屋を見つけて車で訪ねる。

ナビのとおりに運転しているのだが、車が確実にすれ違えないほど狭い山道を30分ぐらい走らせる。「本当にこんな道の先にパン屋などあるのだろうか？」と思いながらなんとか到着する。ずいぶん登ってきたようだった。

敷地からは遠くの山々を眺めることができて、雑誌にあるとおり、ロケーションは抜群だった。雰囲気がとてもいいところだった。

都会で生活していた自分は、パン屋といったら人が集まりやすい街なかに店を構えるのが普通と思っていた。その真逆の環境に驚いた。

こんなところで商売をするなんて、ずいぶん変わった人が経営されているパン屋なのではと思う。どんな気むずかしい店主なのだろうと想像しながら、古民家を改装した店内に入る。ショーケースにはなんともおいしそうなパンが並んでいる。ご主人が接客をされており、その奥では奥様がパンを焼いている。

予想と違ってお二人とも魅力的な方で、自分たちで改装されたであろう古民家の中で働いている姿がとても絵になる。お話ししてみると、とても気さくな方だった。

実際にパンを食べてみる。自分はあまりパンを食べないのだが、びっくりするほどおいしい。妻に感想を聞いてみても暫定(ざんてい)一位だった。

材料なのか、製法なのか、妻と議論を重ねたが、「たぶん奥様の手から魔法の成分が出ている」と結論づけている。

ココペリさんも移住してパン屋を開かれたと聞いた。普通なら商売に適さない場所だ。ココペリさんの好きなところで、好きなパンを焼いているのが、とてもカッコよく思えた。

その日から自分たち夫婦はココペリさんのファンになった。

このようなことは珍しかった。移住してからもさまざまな人に会ったが、ここまで心を動かされるようなことはなかった。

初対面で「○○株式会社代表取締役」と書いてある名刺をもらってすごいなあと思っても、ここまで心を動かされないし、信用もしない。それはただ紙に書いてある情報にすぎないからだ。

だが、ココペリさんからは、パンやご夫婦がつくり出す店の雰囲気を通じて、その人の生き様みたいなものが伝わってきた。ほかのお客さんもこのご夫婦との会話を楽しんでおられ、自分と同じファンだと感じた。

おいしいパンとワインと獣肉と

ココペリさんは自分たち夫婦の生活スタイルにも大きく影響を与えている。ファンになった後に、妻とココペリさんのＳＮＳをよく見ていた。なんとかして仲良くなる方法を探していた。

ＳＮＳにココペリさんとワイン生産者の方とで、ワイン会を開催している様子がアップされていた。ふだん店頭には並ばない特別なパンを片手にワインを飲みながら、とても楽しそうに話されているシーンがあった。会場は閉店後のパン屋さんの店内だった。

僕ら夫婦は他人にあまり興味がないタイプなので、人をうらやましがることはほとんどない。けれど、このワイン会に参加できる人たちをうらやましいと強烈に思った。どうやったらこの会に参加できるのか、妻とあれこれ考えた。

商売には適していない山奥でパン屋を開いているわけなので、おそらくお金にはたいして興味がないだろう。仮に札束を持っていってワイン会に参加させてくれと言っても、警戒(けいかい)されて終わりだ。

となると方法は一つで、どうにかしてこのご夫婦にとって何か魅力的な要素を持ち、誘われる人物になることである。

しかし、当時の自分で他人との違った能力といえば、庭がつくれるぐらいのことだ。抜群のロケーションに住んでいるご夫婦には無用で、魅力的な能力ではない。

ご夫婦のＳＮＳから、やはり食に対して意識を高く持っておられると感じた。自分が何かこのご夫婦に魅力的な食材を提供できる生産者になるのが、会に参加するいちばんの近道だと感じた。

そこで思い浮かんだのは獣肉であった、パン、ワイン、ジビエの相性は抜群なはずだ。こんな策略を立てていたのは、猟期2年目を迎えるときだった。

食品の関係者は鼻がいいので、悪い食材だとすぐに見抜かれてしまう。大きく肉質の向上が見込める生け獲りに挑戦しようと思ったのは、このような出来事も少なからず影響している。

生け獲り猟をはじめてから、僕ら夫婦の中でお肉の味が確実に向上したと思ったタイミングで、ココペリさんに行くときにお肉をプレゼントしてみた。

反応は上々。ワイン会に誘われたときは、夫婦ともども大はしゃぎしてしまった。


会は夕暮れ時からはじまり、遠くで日が沈む様子を見ながら、ワインの説明を聞き一杯いただく。テーブルにはさまざまなおいしいそうなパンが並べられており、ご夫婦とゆっくり話しながらそれもいただく。

自分が調理してきた肉料理を、みんながおいしそうに食べるのを眺める。「普段食べる獣肉とまったく違う」とのよい感想をいただいて、自分もうれしくなった。

本やネットでは知ることや感じることのできない生産者の、食に対しての知識、情熱。美しい景色や空気のきれいなところでそれを体感できて、移住してきて本当によかったと思える出来事だった。

第４章　自然の中で豊かに暮らしたい

たくましい祖母の思い出

「無理をしても何にもならない」

それが祖母の口癖（くちぐせ）だった。

島根県の雪深い山間部に住んでいた祖母は、林業、田んぼ、無農薬栽培、畑、炭焼き、養鶏場、椿油（つばきあぶら）づくり、きのこ栽培、うさぎ飼育……と自分が知っているだけでもいろいろなことを生業（なりわい）にしているお百姓さんだった。

夏休みにそんな祖母のもとを訪れるのは楽しみだった。


こんなことがあった。

祖母の軽トラの助手席に乗せてもらい田んぼに向かう途中、何もないところで祖母がいきなり車を停める。

よく見ると、前方にマムシがいたのだ。車から降りた祖母はスタスタとマムシの方に歩いていく。どうするのかと見ていると、履いている下駄（げた）でその頭を躊躇（ちゅうちょ）なく踏み潰したのだ。

そのマムシを荷台にポイと積み、なにごともなかったようにドライブは続いた。学校では

「生き物を大切にしましょう」と教わっていた。あの優しい祖母が、いとも簡単にマムシを殺したのを目の当たりにして、幼い自分は混乱した。

祖母の家に帰ると、祖母はすぐさま納屋にマムシを吊るし皮を剥いだ。それが刺身になって食卓に上がる。

スーパーに並んでいるものしか食べていなかった自分は、恐ろしくて一口も食べることはできなかった。

しかし同時に、学校や世間の理と違ったところでたくましく生きている祖母に、憧れのようなものを持った。

祖母の家の蛇口から出る水が地下水で、夏場、蛇口に結露するほど冷たかったこと。

その水で、祖母がつくった米を炊いたご飯がおいしかったこと。

さまざまな山菜を食べさせてくれたこと。

当時、学校生活が退屈だった自分にとって、すべてが新鮮だった。

さすがの祖母も狩猟はしていなかったが、近所で獲れたイノシシ肉を送ってくれることもあった。初めて食べたのは中学生のときだ。脂の乗ったロースの部分で、いまなら貴重な部分であることはわかるが、当時はわからないままいただいた。

すき焼きにして食べた。肉や脂の旨みが濃く、こんなにうまいものがあるのかと感動したのを覚えている。臭みもなかったので、腕のいい猟師が捌いてくれたのだろう。

これらの体験が、いま田舎で狩猟をしている原体験である。

祖母は86歳で、心不全で亡くなった。亡くなる直前まで散歩していて、家に帰って休憩しているときにコロッと逝ってしまったらしい。病院嫌いで「ピンピンコロリがいい」と言っていたので、そのとおりになった。

自分自身が田舎生活をはじめて、祖母に聞きたいことがたくさんできた。筋金入りの百姓の祖母なら、どのようなことにも答えてくれるだろう。もし願いが叶うのなら少しでも教わりたいものだ。

なりゆきでなった庭師

自分が通っていた島根県の中学校は山に囲まれていた。授業中、窓の外から見える景色を見ながら、「あの山の向こうにはどういう景色が広がっているだろう」と本気で考えていた。当然、成績は悪かった。

高校への進学は自然が好きだったこともあり、農業高校を考えていた。だが、大学への進学を親から熱望されていたこともあり、地元の進学校を受験することになってしまった。

このままでは受からないと言われ、授業を真面目に受けようと黒板を見たのだが、文字がかすんで読めなかった。このとき、自分の視力が悪いことを初めて知る。

なんとか高校には入れたが、無理をして入った学校だ。勉強についていけず、授業にも集中できるわけはなく、成績は当然底辺。

高校からは、国公立と私立を受けるように言われていた。国立大学は当然落ちた。なんとなく受けた私立の農業系大学へ行くことにする。造園学科という、受験科目の一番上に書いてあった学科を受験した。

入学してからも勉強はあまりせず、覚えたことといえば、麻雀（マージャン）と焼酎（しょうちゅう）の飲み方ぐらいであった。

３回生にもなり、就職を考えなければならなかった。このままではまずいと思い、とりあえず、造園とはどんなものか、学校の図書館で本を読むことからはじめる。

その中で庭をつくる職業があることを初めて知る。木を植えたり、石や水を使ったりして空間をつくる職業らしい。これなら自分に合っているのではないかと興味が出た。

図書館の雑誌コーナーに、日本庭園を特集している雑誌があった。写真が大きく読みやすかったので、これを読み進める。

庭をつくる人を庭師と呼ぶらしいが、庭師によって作風がまったく違う。その中でも自分がこれはいいなと思った東京の会社があったので、電話でアポをとって体験学習させてもらうことにした。

そこは、好きなときに起きて、好きなときに寝る甘ったれた学生生活とは真逆の、職人の世界だった。

職人の厳しい世界を目の当たりにして、体験初日で来たことをひどく後悔（こうかい）する。1ヵ月体験させてくれとお願いしたのだが、3週間が限界で、逃げるように大学生活に戻った。

「世の中に出て働くというのは、こんなに大変なことなんだ」と、いま思えばかなり大袈裟（おおげさ）だが、絶望に近い感覚があった。

「もっと楽な働き方はないか？」とほかの働き方も考えた。けれど、体験した会社で懸命に働いている先輩たちの背中が目に焼きついていた。

懸命に汗を流し、自分の仕事に誇りをもって取り組む。とてもカッコよく見えた。怠惰（たいだ）な生活を続けてきた自分が情けなく思えた。

そんな自分を変えたくなって、卒業後その会社で働くことを決意し、上京することにする。

初めて入った現場は、箱根にある大きいゼネコンの現場だった。

大学生活では出会わないような人種の人間だらけだ。みんな目つきが鋭いように見えて、自分が狼の群れに迷い込んだ羊のように思えた。

仕事はとにかくミスの連続。トラックで路肩(ろかた)に突っ込んだり、車をぶつけたり、材料の発注間違いなどなど。仕事も力仕事が多く、体はつねに疲れていた。

しかし不思議と、辞めようと思ったことはなかった。少しずつだができることも増えていき、自分が成長していることを初めて感じることができた。

庭師という仕事は、何もないところから風景をつくり出す仕事だ。工事前と工事後では見違えるようなきれいな空間になる。その仕事にたずさわれるのもうれしかった。これを生涯の仕事にしようと決めた。

東京への違和感が生まれる

現場では、一歩歩けば先輩から怒られる状態だった。職人の世界が厳しいのは当然だが、それよりも自分の飲み込みが人一倍遅かったのが原因ではある。「早く仕事を覚えて先輩たちのようになりたい」という思いでなんとか食らいついていた。

しかしその先輩たちに認められる前に、みな、徐々に独立のため退社していく。厳しく叱(しか)ってくれた先輩たちがいなくなってしまったのは、大変寂しかった。

このまま長く会社に残りたい気持ちがあったが、外の世界が見たくなり、自分も28歳のときに独立する。

当然、仕事などない。貯金もなかった。ただお金を稼ぐための仕事だけではつまらないと思い、自分が興味のあるいろいろなアルバイトをすることにする。

内装、左官、茅葺(かやぶ)き、軽作業員などをした。

自分の中で大きな転機になったのが、茅葺きの現場の手伝いで石川県の羽咋(はくい)市に行ったときだ。まわりを田んぼで囲まれた大きい旧家の屋根の茅葺きである。

現場の親方に挨拶(あいさつ)をして作業に入る。当然だが日陰などない。6月だったがかなり暑かった。

基本すべて手作業になる。不安定な足場の上で、材料となるススキやヨシを担(かつ)いで運び、固定していく。なかなかの重労働だった。

しかし、屋根の上から見える景色は絶景だった。風が吹くたびに稲が揺れる音が聞こえ、遠くに広がる山々と、青空がみごとに調和している。

また、緊張感に包まれていた東京の庭師時代の現場とは、空気がまるで違った。同年代の職人が多く、冗談を言いながら作業する。それらがとても新鮮だった。

泊まる場所が海のすぐ近くだった。仕事が終わり食事をすませると、みんなで夜釣りをする。その後は、釣った魚をアテに夜通し宴会。

職人の世界は厳しいものばかりと思っていたが、そうではないことを実感する。人生はこんなに楽しいのかと感じたのは、このときが初めてだった。

ある日の休憩中、職人さんと話していてこんなことを聞かれた。

「辺土くんは普段どんな仕事をしているのか」

自分は当時、苔（こけ）や石を使った仕事をしていたので、そう答えた。

その職人さんは普段、長野にある施設に出入りしているらしい。そこの代表がそういったことに興味があり、仕事につながるかもしれないから一度訪ねてみたらどうだと言われた。

場所は長野の山奥らしい。この茅葺きの現場のように、自然に囲まれたところで仕事をする楽しさを覚えた自分は、ぜひ行きたいとお願いした。

後日、東京に戻ってからその職人さんと連絡をとり、冬にその施設に行く日程を決めた。

石川から帰った後、空や山や海が見えない東京に違和感をおぼえはじめた。「早くまた自然の中で仕事をしたい」と、都内で仕事をしながらそればかり考えていた。

冬になり、軽トラで長野に向かう。初めはビルなどの人工物しか見えなかったが、都心から離れるにつれて、自然の美しい風景が広がってくる。

山梨に入った頃からは景色が一変し、木々に覆われた山並みが広がる。

長野に近づくにつれて景色はいっそう魅力的になり、期待感とともにさらに美しさが増していくようだった。

その施設に到着し、代表に挨拶して施設の説明を受ける。野菜中心の食生活をする宿泊施設のようだ。

アカマツ林の中に建てられた建物のまわりには、静かな銀世界が広がっている。アカマツの幹の朱色と雪の純白の対比がつくり出す美しい景色に圧倒される。

敷地内に新棟を立てる計画があり、そこの外回りで何かいい提案はないかと代表に聞かれる。

新棟の敷地全体が斜面のため、平場(ひらば)がなかった。石を積むことで棚田(たなだ)のようにすることを提案した。その後仕事につながり、実際に工事をすることになった。

敷地も広く、自分と地元の庭師3人で作業することになった。

仕事の中の「遊び」、森の中の一軒家

石積みという仕事は文字どおり石を積む仕事だ。これも庭師の仕事のうちに含まれる。早く、きれいに積むことができるのがいい職人とされる。

東京でも石積みの現場は経験した。職人のプライドからか、たいてい、ほかの職人に負けないよう現場内で腕の見せ合い競争がはじまる。

今回の仕事も当然そのような競争がはじまるものと思い、作業をはじめる。特に自分自身、東京で頑張ってきたから長野の職人には負けられないと、謎のプライドのようなものがあった。

自分が黙々(もくもく)と石を積んでいる最中に、遠くから笑い声が聞こえる。まだ休憩時間ではない。初めは空耳かと無視をしていたが、何をしているか気になったので、笑い声のする方をのぞいてみる。すると、地元の庭師3人が石を積み木のように積んで遊んでいたのだ。

当時の自分の価値観では、

「人より一生懸命仕事をして、いい仕事をして、それがさらにいい仕事を生む。これが人生

の幸せにつながる」

と信じていた。いままで会った尊敬する多くの先輩職人がそうであったので、疑っていなかった。

しかし、この3人は仕事中に「遊び」をしているのである。自分が対抗意識を持って石を積んでいることなど、まるで気にしていない。

初めて会ったタイプの同業職人の行動に戸惑う。

自分の中では「田舎で適当に仕事をやっている職人なのだ」と、いまとなっては大変に失礼な理解をして作業を進めた。


仕事が終わった後は、長野のその施設に泊まっていた。ある日、その3人の中の一人、高橋さんのお家に泊まらせてもらうことになった。

仕事が終わり、真っ暗闇のなか高橋さんの軽トラを追いかける。10分ぐらい走らせたところで、高橋さんの軽トラが右側の林の中に急に消える。消えた林の方を見ると、その中には軽自動車が一台通れるぐらいの砂利道が続いていた。

「こんな道の先に家なんてあるのか」と思いながら、はぐれないように後をついていく。

高橋さんが車を停めた前方には、かわいらしい小さい家が暗闇の中に浮かんでいた。

光源が裸電球のみの、薄暗い家の中に案内される。奥様と娘さん２人が出迎えてくれた。防寒着を脱ぐと、不思議な感覚に気がつく。いままで味わったことのない不思議な暖かさを感じるのだ。高橋さんが四角い錆（さ）びた鉄の箱に薪（まき）を入れている。この箱から太陽光のような暖かさがあふれ、部屋を包んでいるのだ。

このとき、薪ストーブというものを初めて知った。

エアコンや石油ストーブでは味わえない優しく、力強い暖かさが、外仕事で冷え切った体を温めてくれる。心まで温まるようだ。こんなにいいものがあるのかと感じた。

お風呂は、近くから汲（く）んできてくれた温泉を湯船に入れてくれた。食事も新鮮な野菜、地元のお豆腐などを振る舞ってくれた。

高橋さんは神奈川から長野へ移住された方だった。移住の経緯や移住後の生活などを話してくれた。

東京に働きに出てから、いつもどこかで寂しさのようなものを抱えていた。久しぶりに家族の暖かさのようなものを感じた。

この日、高橋家のもてなしに心身ともにすっかり温まり、お腹も満たされ、室内に漂う薪のかすかな香りを吸い込みながら、いつの間にか寝てしまった。

朝起きて目に入ってきたのは、窓一面に広がる冬の林の景色だった。

暗くてわからなかったが、家は森の中に建てられた一軒家だった。アカマツ、ナラなどさまざまな種類が生えている。

家の近くにも高木が生えている。庭師の常識では、家のまわりの大木は伐採する。倒れてきて家に損害が出るのを防ぐためだ。

なぜ木を切らないのかと質問すると、「樹に囲まれた空間が好きだから」と答えてくれた。

周囲を散歩すると、薪がぎっしり積まれた小屋を見かける。ひと冬越すのにこれだけの薪が必要らしい。

朝食は薪ストーブの天板（てんぱん）で温められたコーヒーとパンをご用意していただいた。居心地がよすぎて、このまま高橋家でゆっくりしたいが、仕事がある。

都会の働き方、田舎の働き方

身支度をすませ、現場に向かう。

途中、花崗岩（かこう）が風化してできた真っ白な砂で覆われた河岸を見かける。そこにはそのまま飲めそうな透明な水が流れていた。

「これが高橋さんの日常の景色なのか」と思う。人をうらやましいと思ったのは、このときが初めてだ。

その後、遠くに見える朝靄（あさもや）のかかった美しい山並みを見ながら、現場に到着する。山から降りてくる清浄な空気を吸いながら、石積みをする。いつもより疲れない。風が吹くたびに落ち葉が舞う音。

ふと手を止めたときに見上げた空の青さ。

これが仕事であるのを忘れるほど、すべてが心地よかった。

休憩中も、高橋さんがドリップコーヒーを淹れ（い）てくれた。仕事が終わった後も、特に打ち合わせがあるわけではないが、焚（た）き火を囲んで談笑する。

普段、自分が仕事を都内でするときはまるで違った。

現場までは、渋滞を前提に出発する。余裕を見て6時過ぎには神奈川の自宅を出る。首都高の三軒茶屋（さんげんぢゃや）あたりから混みはじめる。排気ガスを吸い、無機質なビルを眺めながらの通勤。近くて安い駐車場を探して、作業をはじめる。ここまででひと苦労だ。

作業がはじまっても埃（ほこり）、音などは苦情の原因となるので極力立てないようにし、時間帯も含め配慮しないといけない。

空気も澄んではおらず、空は人工物に切り取られている。そんな中で休憩しても気が休まらないので、缶コーヒーを流し込み、ささっとすまし、急いで仕事を進める。

当然、帰りも渋滞に巻き込まれる。帰る頃にはクタクタだ。


この仕事が終わる頃には、このような素晴らしい環境で生活できる彼ら全員がうらやましくなってきた。

彼らの仕事ぶりにも憧れた。実際一緒に働いてみると、仕事がとても上手な人たちだった。

職人の多くはどうしても、他人に対して「どうだ、俺はすごいだろう」と見せつけるような立派なものをつくりがちだ。自分もそうだった。

しかし、彼らにはそれがないのだ。主張せず、ひっそりと佇(たたず)んでいるようなものをつくる。

おそらく普段から自然と接しているので、感性が磨(みが)かれているのだろう。動きも野生の生き物のようにしなやかだ。

このまま彼らと仕事が、彼らのような生き方ができたら、どんなに楽しいだろうと思った。

しかし、それは自分の中で認められなかった。

まだ自分の価値観では「いい仕事は東京にあり、そこで働くことがいい職人になるための近道である」と考えていた。

それが唯一（ゆいいつ）で絶対の価値観だった。それにしがみついていたので、壊されるのが怖かった。自分の気持ちが変わる前に仕事が終わると、長野をすぐ後にした。

「仕事の成功＝幸せ」の価値観が崩れる

関東に戻り、いつもどおり朝、渋滞に巻き込まれているときだ。つねに頭の中には長野の景色があった。

「彼らはいま、どんな仕事をしているだろうか？」

仕事をしていると、いつも長野での楽しかったときのことを思い出した。

妻に「長野から帰ってきてから、長野はよかった、しか話していない」と笑いながら言われた。

あのような素敵な体験をしてしまい、自分の中で何かが変わろうとしていた。

都会で働けば働くほど、長野での仕事との差に気がついてしまう。

「果たしてこのままここで生活していいのだろうか？」という気持ちが大きくなってくる。

しかし、庭師にとって、住む場所を変えるというのは大きいリスクがある。

庭師のメインの仕事は植物の管理だ。そして植物は成長するので、毎年管理が必要である。

顧客を多く抱えていれば一年中の仕事はほぼ埋まり、収入も安定する。場所を変えてしまうと、それがゼロになる。収入は激減するだろう。

高橋さんも最初の3年はかなり苦労したそうだ。

いまの自分の生活はそれなりに安定していた。そこまでのリスクを冒してまで、移住する必要があるのかと考えた。しかし、移住に対しての思いは日に日に募(つの)っていった。


仕事面でも変化が出てきた。

長野から帰ってきた直後、都心のど真ん中に住宅の庭をつくる機会があった。完成後、お客さんは喜んでくれた。しかし、長野から帰ってきたばかりの自分の中では違和感があった。見た目はよくなっても、吸う空気は汚いままだ。肺が空気を吸うのを嫌がっている。その空気が自分のつくった庭に漂っている。

「本当にいい空間をつくることができたのだろうか」と疑問が出てきた。どんなにいい庭をつくっても、吸う空気まで変えることはできない。

本当にお客さんのことを思ったら、「庭などつくらず、もっと空気のいいところに引っ越した方がいい」と助言すればよかったのではないかとも思った。

このまま空気の汚いところで庭をつくり続ける。それでは、これから出会うお客さんにとって、景色を整える気休め程度のものしかつくれないのではないか、と感じはじめた。

ある休日、一人の時間に考えた。このまま都会で庭師をしたときの最高のシナリオを空想した。

いいお客さんに出会え、自分の好きなように庭づくりの仕事ができる。

自分がつくったお庭も評価を受けて、お金も好きなだけたくさんいただける。

なんでも好きなものを買える。

立派な家に住み、旅行も好きなところに行ける。

こういう状況になったときの自分を真剣に想像してみた。そして、自分がそういったことにまったく興味のないことに気づく。

「仕事での成功＝幸せ」というのが自分の価値観だと思い込んでいたが、それはまわりの職人を見て自分が勝手に思い込んでいたものだった。

願いが叶うとしたらどのような生活がしたいか、想像した。

心の奥底から浮かんできたのは、小さい頃の祖母の家の風景。高橋さんたちのような自然に寄り添った生活だった。

「人生は一度きりしかない。思ったように生きよう」

このとき、自分の中では移住を決心した。

自分の心に従って生きる

しかし、結婚をしていたので、移住には妻の同意が必要である。

妻は東京・表参道のデザイン事務所で働いていた。自分よりもバリバリの仕事人だった。

いまの仕事を全部捨てて田舎に移住しようなどと言ったら、断られるのは目に見えている。

これは慎重(しんちょう)に話を切り出さなければならない。

「田舎に移住とかしたら楽しいかなあ」

と切り出してみた。すると、

「定年後とかならいいかもね」

さらりと返答があった。

予想どおりだ。ほとんど興味を持っていない。

妻は神戸のど真ん中育ちだ。田舎生活の素晴らしさをまだ知らない。

自分が長野、特に高橋家で体験したあの素晴らしさを味わえば、移住に興味が出るだろう
と思い、長野旅行を持ちかけた。

これには乗ってくれて、新婚旅行を兼ねて山梨、長野あたりを旅行することになった。

移動中も、妻は助手席でノートパソコンを開いて仕事をしていた。「モニターではなく山の景色を見て！」と言いたくなったが、そこは我慢して旅行した。

高橋家にも行き、移住のよいモデルケースを見せてもらい、山間の温泉旅館にも泊まった。

帰る頃には、ノートパソコンを開くことはなく、風景を見るようになっていた。

これはいけると思い、家に帰ってから、すぐに移住をしないか切り出してみた。

田舎に移住したい気持ちはあるようだが、いま自分が会社を抜けたら会社に迷惑がかかるとのことでノーだった。彼女の会社のことなど自分はどうでもよかったが、答えを急いではいけない。しばらく様子を見ることにした。

それからしばらくして、長野の職人や旅先で出会った職人が家に遊びに来てくれるようになった。

ここで彼らと話すことによって、彼女の意識が変わったらしい。

みんな、本当に自分の心に従って生きている人たちだ。彼らと話すことによって、勤めている会社のことを気にして、自分のやりたいことを制限するのはおかしいのではないかと思ったらしい。

こうして晴れて移住することに決まった。

移住先探し

当然、高橋さんのいる長野に移住することを考えていた。彼らの近くで生活できれば楽しい生活が待っているのは間違いないのだ。しかし、それでは彼らに甘えた生活にはならないだろうか。それと、なんとなくそこでの生活が予想できてしまいそうだった。

彼らとは違う自分の新しい価値観、そしてこれから予想もできないような田舎暮らしをしてみたかった。

まずはどこに移住するか、妻と相談した。

「親元に近い方が今後何かといい」ということになった。自分の実家が島根県。妻の実家は兵庫県。その周辺で探すことにした。

「空き家バンク」という、市町村が空き家を情報提供してくれているサイトがある。

神戸の北側の三田（さんだ）市、篠山（ささやま）市などのサイトを見てみる。いくつか気になる物件を候補に挙げて、次は隣の岡山県の空き家バンクを見てみる。ここにも気になる物件があったので移住先の候補にした。

写真24　四季折々の表情が楽しい落葉広葉樹の山

市町村の空き家担当の方と不動産業者との日程調整をして、空き家見学へ行った。

まず三田、篠山あたりの空き家を実際に見てみる。神戸市内からのアクセスもいい。まわりは山に囲まれていて自然も多い。しかし、山に植林された針葉樹（しんようじゅ）が多く生えている印象だった。

針葉樹の山は、一年を通じて表情が変化しない。自分の好みの山は、四季折々の表情を見せてくれる落葉広葉樹（らくようこうようじゅ）（ブナ、ナラなど）が主体の山だ（写真24）。

そのような山を求め、神戸から西に車を走らせる。

兵庫と岡山の境目ぐらいから、山の

様子が変わっていく。岡山の山の方が明るい印象を受ける。落葉広葉樹も増えていく。岡山の方が自分好みの環境があるのではないかと感じた。数日の滞在のつもりだったが、もっと岡山の地域のことを知りたくなった。

妻は先に関東に帰り、自分は10日ほどの滞在となった。宿泊していた場所は老夫婦が営(いとな)んでおられるゲストハウスのようなところだ。岡山の山間部にある川沿いの古民家だ。

早朝、まだ布団に入りながら窓を見ると、朝霧(あさぎり)で外は真っ白だ。その中から聞いたことのない動物の寂しげな鳴き声が聞こえる。あとで老夫婦に聞くと、シカの鳴き声だと教えてくれた。

都会の朝の光景とあまりに違う。再度布団に潜(もぐ)り込み、シカの声を聞きながら「これが日常になればいいな」と思った。

それから数日、空き家探しをしたが、これといったところは見つからなかった。この老夫婦には滞在中、食事の世話や地域の面白い方を紹介してくれたりと、大変よくしていただいた。「またいつでも帰っていらっしゃい」と見送ってくれた。

関東に帰ってから、兵庫や岡山の旅のことを振り返る。いろいろな地域や空き家を見たが、自分好みの物件はなかった。それに出会えるのは時間がかかることがわかった。

まず気に入った地域を見つけ、そこに実際に引っ越してじっくり探すのがいいと感じた。今回見た中では岡山の山の景色が気に入った。それと近くに老夫婦がいるのは心強かった。岡山に引っ越すことに決めた。

全部持って「お試し住宅」へ

移住に積極的な自治体では「お試し住宅」なるものがある。３ヵ月間そこに仮住まいしながら、自分たちに合った家を探すことができる。市町村が提供してくれる宿泊施設のようなものだ。

普通は荷物を前の家に残したまま、お試し住宅に住む。しかし、わが家は神奈川の家の契約を解除し、すべての荷物をトラックに積んでお試し住宅に住むことにした。

自分が庭師をしていたこともあって、道具などを含めるとかなりの量だった。２トントラック２台と軽トラ１台に山盛り。仕事仲間も手伝ってくれて運んでくれた。

家財道具一式すべて持ってくるという前例がなかったので、担当の方は驚かれたらしい。

自分たちの田舎暮らしはここからはじまった。

家の前には大きい川が流れており、周囲は広葉樹が多く生育している山に囲まれている。入居日は2017年3月下旬だった。

朝起きたら散歩をする。

霧が出ていることも多く、近くの景色は真っ白。遠くの山頂がうっすら見える。

仕事をしていなかったので体が鈍らないようにするためでもあったが、朝の新鮮な空気を肺にいっぱい入れたかった。

肺というのは敏感な器官らしい。都市で生活しているときは、散歩をしても肺がこの空気を吸わないように大きく動かなかった。田舎に来て肺も喜んでいるようで、たくさん吸えるよう大きくゆっくり動いている。

都市にいる頃の散歩とはまるで違う。旅行に来ている気分だった。

「これが日常になったんだ」と思うと、心底うれしくなった。

日中は妻と自分たちが住む場所を探していた。岡山県内のあちこちの市町村に行き、自分たちの理想の住環境を探す。その合間にカフェめぐりなどもした。景色もよく、空気がおいしい場所のカフェも多く、そういったところで飲むコーヒーなどは格別だった。

そんなことをしているうちに、あっという間に3ヵ月が過ぎようとしていた。

特に住みたい空き家も見つからなかった。どうしようかと考えていた。

以前お世話になった老夫婦が、「住みたいところが見つかるまで、うちの離れに住んだらどうだ」と声をかけてくれた。素直に甘えることにした。

築１００年以上の古民家に住むことになった。ここで初めて薪でお湯を沸かす「薪風呂」というものを体験する。体の芯（しん）からあったまり、じつに心地よい。

ここでの生活が快適すぎたので、空き家を探すのが遅れてしまった。

半年過ぎたところで、このままではご迷惑になると思い、たまたま見つけた空き家に移り住むことにした。雑草に覆われた小さい家だったので、妻は「こんな家に住むのか」という感じだった。

庭師の経験から、「ここは不要な樹木や雑草を整理すればいい景色になる」と思い、借りることにした。

田舎での仕事とお金

「移住後３年間、仕事はないかもしれない」

長野の高橋さんからそのようなことを聞いていた。貯金は多少あったが、働かなくてはいつか尽きてしまう。

神奈川では個人事業主として仕事をしていた。それは周囲の知人の紹介の上に成り立っていた。いまはまわりに誰も知り合いはいない。空き家を探すことも大事だが、早めに仕事をしなければと思っていた。

引っ越してすぐのときだった。仕事がないだろうと思った地元の人が、仕事を紹介してくれた。内容は大工さんの運転手である。理由は聞けなかったが、免許を失効してしまったらしく、手元作業員兼運転手がほしかったようだ。日給は1万円。

田舎で日当1万円はとても魅力的だった。しかし、贅沢にも「これは自分のやりたい仕事ではない」と思い、丁重にお断りをした。

引っ越して2週間目のときだった。以前アルバイトをしていた東京の内装会社の監督から電話がかかってきた。「樹木を植えてくれないか?」という依頼だった。岡山に引っ越したことを伝えていなかったので、そう伝え、代わりに自分の仲間を紹介した。

後日、その監督から電話がかかってきて「知り合いが岡山で庭師を探しているから会ってみないか?」とのお話があった。願ってもない相談だった。

空気のきれいなところで、庭づくりをやってみたかったからだ。

住所を聞き、車で向かう。岡山での初めての仕事だ。期待しながら準備をする。家から距離があったので高速道路に乗った。そしてその高速道路から見える景色に驚く。樹種がなんであるかを認識できるほど山が近いのだ。

都会で生活していた頃は、ビルか住宅しか見えなかった。

苦痛でしかなかった通勤風景が、大きく変わった。

運転に注意しつつ、山を見ながら1時間程度で現場に到着した。

お客さんに挨拶して、敷地を案内していただいた。すでにお庭があるのだが、長年の経過により木が大きくなりすぎているので整理してほしいとのことだった。

大きい仕事だったので、一年間近く通わせていただいた。

ほかに集落の人が、仕事がないだろうと心配して仕事を紹介してくれたり、庭師時代の社長が心配して仕事を紹介してくれたりした。これには感謝の言葉しかない。

自分は仕事面に関していえば、移住してからは本当に恵まれている。貯金を切り崩す覚悟で田舎には来たが、おかげでその必要はなかった。

「田舎生活はお金がかからない」というイメージがあるが、果たしてそうだろうか。

安いのは家賃ぐらいだ。光熱費などは逆に高い。特にガスがプロパンガスなので、冬などはガス代が1万円を軽く超す。物価も野菜が多少安いぐらいで、たいして変わらない。移動も車がメインなので、共働きでは一人一台が当たり前だ。ガソリン代もバカにならない。しかし、時給や職人の日当は安い。

田舎生活の方がお金は大変なのではないだろうか。

これから田舎暮らしを検討している人の相談を受けることがある。そのときには「一年間働かなくてもいいお金を貯めてから来ること」を強くおすすめしている。

移住後にお金の心配をして、すぐ手近な仕事で働くのはやめたほうがいいからだ。田舎に移住しても、その地域にどのような仕事があるかわからない。そんな中ですぐに自分の仕事を決めてしまうのは危険だ。じっくり探した方が、自分に合ったものが出てくる確率は高い。

自分も貯金がなかったら、大工の運転手の仕事に飛びついていただろう。少しだが蓄えがあり、待つことができたので庭仕事をすることができた。

また、しばらくの間は、自分がどういった暮らしが理想か、いろいろなことを体験してみるといい。そうして自分の生活のリズムをつくり、それに合った仕事を選んだ方がいい。

自分もそうして狩猟に出会い、それを軸とした生活になっている。

自分はいま、冬の狩猟期間内は、造園の仕事を一切していない。いちばんの稼ぎ時ではあるが、なるべく時間を取った方が安全に狩猟ができるし、なにより自分の好きな時間を思う存分味わいたいからだ。

そのためにはある程度の蓄えが必要だ。

田舎暮らしはアンチ資本主義？

都会から地方に移住された方とお話しすると、アンチ資本主義のような話をする人が多い。

「都会は何をするのにもお金が必要だからね」

と資本主義を否定する人は少ない。

そこから抜け出してきた人が多いので、自分の住んでいるまわりでは日常会話に出てくる。

そして狩猟をしていると、なぜか自分もそのような思想だと思われていることもある。決してそうではない。

山の中、一人で生活しているなら別だが、人と関わっていく以上はいまの資本主義経済と付き合っていかなければならない。

以前、庭仕事を手伝ってくれた方がいた。仕事中、「いまの日本人は金にとらわれすぎている。餓鬼（がき）同然だ」とお金を否定することばかり話されていた。

あまりにもその口調が強かったので、仕事の報酬（ほうしゅう）をお金で渡すのは気分を害するのではないかと心配した。代わりに自分が捕獲した獣肉をお渡ししましょうかと質問したところ、「すみません。お金をください」と即答された。

資本主義を否定するのはいいが、お金がない人が言ってしまうとただの負け惜（お）しみになってしまう。

移住後、自分も一瞬そのマインドにとらわれそうになってしまったが、この出来事がきっかけで、その先にある現実を突きつけられた思いだった。

田舎は水、空気、食料などはおいしく、お金がなくても楽しい生活が工夫次第ではできる。しかしお金が十分にあると、さらに選択肢が増えてもっと楽しい生活はできる。

自分は将来、見晴らしのいいところでおいしい獣肉とクラフトビールを味わえる場所をつくりたいと考えている。クラフトビールは工場を敷地内につくりたい。それを来た人に振舞えたら最高だ。

構想は練（ね）られているので、費用は大体どれくらいかかるかわかる。

どうやってお金を用意するか、日々考えている。

薪ストーブのある生活

初めて高橋家で薪ストーブの暖かさを知った。その後、火に魅せられ、神奈川に帰ってからも忘れられなかった。庭先で焚き火をして欲求を満たそうと思ったが、満たしきれなかった。

火を生活に取り入れたい。

この気持ちが日に日に強くなっていったのも、移住するきっかけの一つだった。

移住後、住む家が決まり真っ先にしたことは薪ストーブの設置の段取りだ。

欲しかった薪ストーブのタイプは決めていた。火を見るための大きい窓があり、炉内(ろない)で調理ができるタイプのものだ。

ヨーロッパ製の薪ストーブにも憧れたが、業者に設置を頼むと本体価格込みで100万円ぐらいはかかるらしい。なんとか費用を抑える方法を探す。

ノザキ産業という会社の手頃な値段の薪ストーブを見つけ、これにすることにした。10

0キロ以上のものになったので室内への運搬が不安だったが、自分で設置すれば費用は抑えられる。庭師時代のスキルを駆使してなんとか入れた。

煙突は二重煙突という断熱された煙突がいい、とネットに多くの情報が載っていたので、高価だったが購入することにした。ストーブ本体と煙突を合わせて、17万円程度で設置することができた（写真25）。

次に薪の用意だ。薪ストーブユーザーは薪のことをつねに考えている。一度あの暖かさを味わってしまうと、薪ストーブなしでの冬は考えられない。

薪は大量に使う。お金がなくなるより、薪がなくなることの方が怖い。

木ならなんでもいいわけではない。1〜2年間は乾燥させなければ、いい薪にはならないのだ。

まわりは山なので木だらけだ。薪を簡単に用意できると思っていたが、そうではない。自分で用意する場合は、車にすぐ積めるように道路の近くに生えている木を切らなければならない。

しかし、道の近くには電線や構造物などがあり、簡単に伐倒できない。もちろん勝手に切っては違法行為だ。所有者を確認してからになるので、それを調べるのもひと苦労である。

写真25　人を魅了する薪ストーブの炎（上）。薪ストーブの天板料理もおいしい

初年度は自分で伐倒したが、いまはほとんどしていない。僕の家は薪が必要だ、と集落の人が認識をしてくれるようになったからだ。

田舎の人たちはたくましい。少し危なっかしいが、プロでも躊躇するような大木をみんなで協力して伐倒する。

昔は煮炊き、風呂などすべて薪でおこなっていたが、いまは誰も使わない。それを自分がいただいている。

一般的には、カシ、ナラなどの広葉樹が好まれる。火持ちがよく長く燃えるからだ。スギやマツなどの針葉樹は好まれない。ヤニが出る。煙突や薪ストーブが痛む。早く燃えすぎるなどの理由からだ。

だからといって、もらうのを断ってはいけない。きちんと乾燥させれば十分戦力になる。

「田舎でのもらいものは一度断ると二度ともらえないと思え」と老夫婦の方に教わった。

たとえば野菜だ。野菜の収穫時期はだいたい同じで、もらうときはあちらこちらから大量にもらう。正直いって食べきれない。

「笑顔でもらって裏で捨てる」

田舎の付き合いはこれくらいの心持ちでいい、と教わった。

薪ストーブのおかげで冬の室温はいつも25度以上。自分は半袖、短パンで過ごしている。自分の住んでいる地域は、冬は乾燥している。薪ストーブを焚くと部屋の湿度はかなり低くなり、空気がカラカラになってしまう。夜に洗濯して部屋干しをするなどして加湿対策をしている。乾燥スピードは早く、夜洗ったジーンズが翌朝には乾くほどだ。

梅雨時期のジメジメしているときに、ストーブをつけるのもいい。床に湿り気があるときには、１時間も火をつけていれば、さらりとしてくる。

心まで温めてくれる薪火

薪ストーブ生活をはじめてから、体調の変化があった。

妻は極度の冷え性(しょう)だった。都市で生活しているとき妻は、先に自分が布団に入って温めてから、布団に入っていた。部屋でも厚着をしているので肩がこると、とにかく冬がつらそうであった。

薪ストーブの生活をしてから、妻の冷え性は劇的に改善した。

本人いわく、朝薪ストーブの火の近くにいれば体が温まり、午前中は「体の中にカイロがあるみたい」ということだった。

エアコンと違い、薪ストーブはそれ自体が熱源のため、そこから発生する放射熱がいいのだろうか。室内にお日様の光があるような暖かさなのだ。

寝る前に薪をたくさん炉内に入れる。翌朝までゆっくり燃え続けてくれる。

薪ストーブに足を向けて寝るのが、わが家の冬の就寝スタイルだ。足元がぽかぽかになり、この冬の時期が一年間を通じていちばん心地よく眠れる。

朝起きたら薪をまたくべて、火力を大きくする。7時くらいには天板もかなり熱くなる。その上で目玉焼き、味噌汁、コーヒー、野草茶を入れるためのお湯などを沸かす。朝のこの時間の天板は何かしら食べ物、飲み物でいっぱいである。

夕食は炉内で調理することが多い。獣肉を塊で、薪火で焼くのだ。

カシなどの火持ちのいい薪を燃やし、熾火をつくる。これでじっくり焼いた塊肉はかすかな煙の香りも乗り最高なのだ。

薪ストーブ生活をするには本当に時間を取られる。薪の調達には、自分で伐採、または集落の人から原木をもらっても、それを家まで運び、40センチに玉切りし、割り、屋根をかけて2年乾燥させないといけない（写真26）。

写真26　庭に積まれた薪用の原木（上）。薪割りした後、屋根をかけ、薪は2年間乾燥させる

そして、それを室内までわざわざ運び入れないといけない。

エアコンのようにスイッチ一つで部屋を温めてもくれない。ただの暖房器具と考えたら、使い勝手は非常に悪い。

しかし、それ以上のものを薪ストーブは与えてくれる。

あの暖かさは心まで温めてくれる。

狩猟は誰にでもすすめられるものではない。けれど薪ストーブのよさは、田舎暮らしをする人には特におすすめをしている。

「あの暖かさを知らないのは、人生損をしている」といっても過言ではない。

喉や胃がほしがるおいしい湧き水

関東にいる頃から水汲みにはよく行っていた。仕事で地方に行くときは、軽トラックにできるだけポリタンクを積んで出かけた。

その地方の名水と呼ばれるところに行き、水を汲む。そういった土地に行くまでの景色や、実際水が出ている場所も美しいところが多い。そして、おいしい水も手に入る。

タンクに天然水が満たされる様子を見ると、自分の中の何かが満たされていく感覚があった。

出張がしばらくないときは、神奈川にある丹沢(たんざわ)山地のヤビツ峠(とうげ)あたりまで、妻とドライブがてら行っていた。水汲みは昔から現在まで続けている唯一の趣味かもしれない。

「そんなに水の味なんてわかるのか？」と聞かれるが、おいしい水を普段飲んでいると、これほど違いがわかるものはないと思う。

本当においしい水は、口に含んだ瞬間に喉や胃が「入れろ」という。

対照的に、先日名古屋のホテルに泊まったときだ。歯磨きをするために水道の水を口に含んだ瞬間、吐(は)き出してしまった。自分にとって水道水は飲み物ではない。

岡山に引っ越してまずしたことは水汲みドライブだった。北には蒜山(ひるぜん)（岡山県北部）、大山(だいせん)（鳥取県西部）などの名峰があり、水質がいいことで有名だ。Googleで調べるだけでもあちらこちらにある。

近場から汲んでいき、味を確かめていく。どれが自分に合っているか探す。

地元の人しか知らない水汲みスポットなどもある（写真27）。そういった場所の水はおいしいことが多い。

岡山県内では新見(にいみ)市の「夏日(なつひ)の極上水(ごくじょうすい)」（環境省選定の「平成の名水百選」に選ばれた）と蒜

写真27　岡山の山中にある水汲みスポット

山の「塩釜の冷泉」。この2つが気に入っている。両方とも口に含んだ瞬間、少し硬い感じはするが、飲むと胃までスッと入る。この水を氷水にして、キンキンの状態で飲むのが好きだ。

この2つは、水が湧き出しているところの景色も美しい。そして車が近くまで寄せられて積みやすいのだ。これは必須条件だ。

また、長時間湧き水をタンクに入れていると藻が生えることがあるが、この2つは生えたことがない。何か特殊な成分が入っているのだろうか。

自分の子どもにも生まれた頃からこの水を飲ませている。そのおかげか、じつに健康に育ってくれている。人間のほとんどは水でできているので、何かしらの影響はあるだろう。

もし願いが叶うなら、家の裏から同じような水質の水が湧いているところで生活してみたい。

自給自足より物々交換

都市で生活していた頃、すべて自分で用意することを自給自足だと思っていた。いまは肉と野菜はほぼ自給できている。お米も自給しようと思っていた。

けれど、「これ以上何かをつくると、時間がなくなって庭師の仕事ができなくなるのではないか」と思い、スーパーでお米は買っていた。それを変えるこんな出来事があった。

音声ＳＮＳにVoicyというものがある。声のブログのようなものだ。そこでは自分がいま考えていること、狩猟や日常生活のことなどを話している。

自分は次に住む場所を探している。いま住んでいる場所は水がきれいではない。

将来は景色、水、空気のいいところで獣肉を味わってもらえる場所をつくりたい。クラフトビールの醸造所やワイナリーも併設できればと思っている。

できれば、山と水がきれいなところがいい。Voicyの中でそのようなことを話した。

すると、リスナーの方からメッセージがきた。「自分の住んでいる町はそのような環境なので遊びに来てください」というお誘いを田村さんという方からいただいた。

Instagramでやり取りをさせていただいた。プロフィールを見ると「サ道部」というサウナを楽しむ活動をされているようだ。Instagramの写真欄を見ると、じつに楽しそうな生活をされている。

SNS経由で実際に会うことは、いままでしたことがない。だが、田村さんの生活に興味が出て話を聞いてみたかったので、お会いすることにした。場所は島根県吉賀町（よしかちょう）というところだ。

田村さんと日程を調整し、実際におうかがいした。早めに到着したので道の駅で車を停めて休憩していると、高津川（たかつ）といううきれいな川が目に入ってきた。

一級河川で全国水質日本一にも選ばれた川のようだ。支流を含めダムがない貴重な清流で、ここで獲れるアユは人気だという。

あまりに美しく、川を眺めているうちに待ち合わせの時間になる。その後町内を田村さんに案内していただく。

珍しく山もブナが自生していて美しい。この実を食べたイノシシは、さぞかしおいしいだろう。

その日は田村さんの家に泊めていただいた。夜は田村さんのお友達を交えての宴会になった。自分が捕獲した獣肉の料理をお土産で持っていった。みんな喜んで食べてくれた。

環境がいいところで育つと人間性もよくなるのだろうか。その宴会はとても楽しく、みなさん、とても素敵な方だった。

宴会の終わりに真っ白なご飯をいただく。田村さんが無農薬で栽培されたお米だった。普段飲んだ後はご飯を食べないのだが、一口食べると、あまりのおいしさにペロリと平らげてしまった。

田村さんのお米に対する愛情があってこそだが、「水がきれいなところのお米は、こんなにおいしいんだ」と感動した。

お土産にお米を分けていただき妻にも食べさせたが、「これはおいしい」と絶賛だった。

それからお米とお肉とを物々交換させてもらうようになった。

米づくりを自分でするとしたら、これから知識も身につけなければならない。それ以前に、自分の住んでいるところの環境では、ここまでおいしいお米はつくれないだろう。

自分が得意とする狩猟で獲れるお肉と、自分がほしい何かを物々交換する方が、すべて自分で自給するより効率的だとこのとき感じた。

物々交換は、よい意味で「必ず公平な取引にならない」ところがいい。

自分がお肉の物々交換の相手に選ぶ人は、自分にとって魅力的な何かを持っている人だ。交換後、割に合わないと思ったことはない。むしろ、自分がもらいすぎたと思うことの方が多い。

そんな場合、次回は向こうに多くお肉を渡そうと考えたりする。つねに相手のことがどこか頭にある。

お金でのやり取りは、現金を渡したらそこで関係は清算されてしまう。

物々交換は清算できないからこそいい。

そのことが、気持ちのいい関係につながると感じる。

第5章　体が喜ぶ獣肉レシピ

シカ肉おすすめレシピ

▼シカの一口カツ

猟師の間では圧倒的にイノシシ肉が人気だ。脂肪が多いイノシシ肉はただ焼いただけで十分おいしい。

一方、脂肪分の少ないシカ肉は焼きすぎると硬くなりやすい。しかし、調理の仕方ではとてもおいしくなる。赤身はシカ肉の方が自分は好きだ。

いろいろつくった中で家族にいちばん人気なのは一口カツだ。柔らかい背ロースの部位を使うことが多い。

初めのうちは溶き卵でパン粉をつけていたが、卵は自給しておらずもったいないので、いまは米粉を水でといたもので代用している。

用意するもの

シカの背ロース、米粉、パン粉、米油

つくりかた

1　シカの背ロースを一口サイズに切る
2　包丁で軽く叩いて伸ばす
3　米粉をつける
4　さらに水でといだ米粉をつける
5　パン粉をつける
6　160度の米油で2分30秒揚げる

一口メモ

塩、醬油（しょうゆ）、ソースなどをかけて食べる。中でも塩で食べるのがいちばんのおすすめだ。甘辛く煮て、卵でとじて丼（どん）ぶりにしてもおいしい。

▼シカ肉のラグーソース

僕のまわりではシカ肉は本当に人気がない。捕獲されても、食べられている部位は背ロースと後ろ足くらいだ。背ロースは柔らかく筋（すじ）がない。後ろ足は獲れる肉の量も多く味がいいからだ。逆に人気がないのは前足だ。しかし自分は前足まで食べている。理由はおいしいからだ。

シカ肉は筋が多いのだが、煮込むと筋も柔らかくなる。個人的には前足の方が背ロースよりも旨みも強く、煮込み料理などに向いていると思う。シカ肉を煮込んでつくるラグーソース（ミートソースに似たソース）はまさにうってつけだ。

前足のほか、バラ、首肉など筋が多いとされている部位も使う。

用意するもの

シカ肉の筋が多い部位（前足、バラ、首肉など）、シカの心臓、塩、イノシシラード、赤ワイン、玉ねぎ、にんじん、干ししいたけの煮汁、ホールトマト

つくりかた

1　シカの筋肉（すじにく）を包丁で細かく切る
2　1に塩をまぶして揉み込む
3　大きい鍋にイノシシラードを入れて2を炒める
4　汁気が完全になくなるまで炒める

5　みじん切りした玉ねぎ、にんじんをイノシシラードで炒める
6　しんなりしてきたら、4を入れて、ホールトマト、干ししいたけの煮汁、赤ワインを入れて煮詰める

一口メモ

でき上がったものはパンに載せたり、パスタソースにしたりする。大量につくり冷凍しておくと助かる一品。イノシシラードはイノシシの脂肪をフライパンで火にかけて溶かしてつくる自家製だ。

▼シカ肉のロースト

田舎暮らしだと外に飲みに行く機会は少ない。その代わり、ホームパーティーが多い。そのときに主役になるのがシカ肉のローストだ。
つくりかたはとても簡単だ。それなのにおいしく、写真映えする。

用意するもの

シカ肉（背ロース、内モモ、シンタマなど）、米油、醤油、酢

つくりかた

1　フライパンで、肉の表面に軽く焦げめがつくように強火で焼く
2　チャック付きポリ袋に米油、醤油、酢を肉が浸かるぐらい入れる。割合は1対1対0・5ぐらい。そこに1を入れる
3　鍋にお湯を張り、2を入れる。低温調理器で63度に設定する
4　肉の中心温度が63度になったら、そこから30分湯せんする
5　時間どおりに湯せんしたら、流水で粗熱をとる
6　薄切りにして盛りつける

一口メモ

そのまま、塩、醤油をつけて食べるのがおすすめだ。手巻き寿司の具材としてもいい。マグロかと間違えるほどの赤身の旨さだ（カラー口絵参照）。

イノシシ肉おすすめレシピ

▼イノシシの骨スープ

イノシシの骨は頭蓋骨(ずがいこつ)も含めてすべて冷凍庫に保管しておく。冷凍庫に入りきらなくなったら、大きい寸胴鍋(ずんどうなべ)に入れてスープをつくる（写真28）。

初めの頃は茹(ゆ)でこぼしをしてからスープをつくっていた。一度に50リットル以上つくるので、なるべく工程は減らした方がいいと思い、いまは茹でこぼしせずにつくっている。その方が旨みが強く、個人的には好きだ。

おいしくつくるコツは、強火で煮出すこと。家庭用コンロでは無理なので、薪で煮出している。

用意するもの

イノシシの骨

つくりかた

1　イノシシの頭蓋骨や骨などをハンマーで割る
2　鍋に1を入れて、骨が浸(ひた)るぐらいまで水を入れる
3　薪に火をつけ、初めの3時間は高火力で煮る
4　火が消えないように24時間、煮続ける。火力が強すぎると焦げてしまう。たまにスコップなどでかき混ぜる
5　味見をして骨から旨みが出ていると判断できたら、ザルなどで濾(こ)す

一口メモ

このスープは見た目がかなりコッテリしている。だが実際飲んでみると、口の中に含んだ瞬間は旨みが強く、パンチがあるが、後味はとてもすっきりしている。

しゃぶしゃぶにすると、スープの旨みが肉の赤身に移りうまい。

また、でき上がったスープでラーメンをつくると絶品だ。スープが力強いので、麺(めん)もそれに負けないものがいい。

先日、福岡から遊びに来てくれた友人が全粒粉の麺をつくってくれた。その麺でつくったイノシシの骨ラーメンの味は忘れられない。

写真28　イノシシの骨スープをつくる。頭蓋骨（左上）などの骨を砕き、寸胴鍋に入れて水を張る（右上）。強火の薪火で3時間煮出した後、24時間煮込む（下）

▼イノシシハム

自分はお酒が好きだ。夕方、ビールを飲みながら夕食をつくる時間は至福のときだ。そのときに手元にあるといいのがこのイノシシハムだ。

用意するもの

イノシシのモモ肉、塩、黒こしょう、ローリエ、タコ糸

つくりかた

1 鍋に水を沸(わ)かし、塩を入れたソミュール液（ハムなどをつくるときに使う塩水）をつくる。塩分濃度を高めた方が、保存性が高まる。子どもが食べるのなら5％、大人の酒のつまみでは10％にしている

2 1に黒こしょう、ローリエを入れる。そのときにある香辛料を適当に入れてもいい

3 チャック付きポリ袋にモモ肉と2を入れて漬け込む

4 3を冷蔵庫で7～10日間ほど置いておく

5 4からモモ肉を取り出し、別のチャック付きポリ袋に入れる

6 低温調理器などを使って、5を63度で5時間ほど湯せんする（肉の中心温度が63度で

30分以上)。肉の大きさ、厚みにより調整する

7　流水で冷やし、粗熱が取れたら取り出す

8　この後、燻製(くんせい)にしてもいい

一口メモ

低温調理のおかげで、肉はとても柔らかく仕上がる。

わが家には2歳と5歳の子どもがいる。この年齢の子どもは、とにかく食べやすいことが食欲につながる。途中で止めないと、このイノシシハムは食べすぎてしまうほど好評だ。

獣肉を初めて食べる人には、このハムをまず食べてもらう。加工することによって獣肉に対しての抵抗は、大きく減るように思える（カラー口絵参照）。

▼イノシシのしゃぶしゃぶ

いまはある程度まとまってイノシシが捕獲できるようになった。しかし、狩猟をはじめた頃はイノシシがなかなか捕獲できず、とても貴重品だった。

冬のイノシシの脂はとんでもなくおいしい。調子に乗って食べていると、あっという間に

なくなってしまう。

少しずつ楽しめるように、薄切りにして味わっていた。

用意するもの

イノシシ肉（脂の乗っているロース、バラ肉がうまい）、イノシシの骨スープ、旬（しゅん）の野菜

つくりかた

1　冷凍イノシシ肉を半解凍して、スライサーで薄切りにする

2　鍋に骨スープを入れて、野菜を加えてひと煮立ちさせる

3　2に塩、醬油などを加えて、味をととのえて完成。魚介系の出汁（だし）と合わせてもおいしい

一口メモ

大きいイノシシになると筋が太くなって、子どもでは噛（か）みきれない。薄切りにすることによって食べやすくなる。包丁でも薄く切ることはできるが、スライサーがあると便利だ（カラー口絵参照）。

薄切り肉は調理時間が早く、使い勝手がいい。しゃぶしゃぶをつくるときに、多めにつくっておけば、どんぶり、野菜炒めなどにも使える。

【参考資料】

『罠師 片桐邦雄――狩猟の極意と自然の終焉』飯田辰彦著、みやざき文庫／鉱脈社
「狩猟生活２０１７ vol2」CHIKYU-MARU MOOK／地球丸
「罠師・片桐邦雄 2017 KUNIO KATAGIRI Master of Trap」gallop1303
(https://www.youtube.com/watch?v=e4y2zl3w1v0)

あとがき

本の出版の話をいただいたときに、うれしさの半面、大きな不安がありました。普段からほとんど本を読むことはありません。当然、文章を書くことなどもほとんどありません。そんな人間にいきなり本を出すことなどできるのか、疑問でした。

けれど、日記のようなものなら書けるかもと思い、少しずつ書きはじめました。自分が山で体験したこと、獣(けもの)と対峙(たいじ)したときのことを思い出し、そのまま書くように心がけてみました。

止め刺しを失敗したときのことを書いている間、当時のことを思い出しすぎて1週間ほど気分が落ち込んでしまったことがありました。いままで極力振り返らないようにしていました。けれど今回本を書くことによって、あらためてそのことに向き合うことができ、とてもよかったと感じています。

今年の春で狩猟をはじめて7年が経ちます。初めはイノシシが獲れなくて朝から日暮れまで獣道を探したり、わなを掛けていたりしていました。わな猟はいかに良い獣道をいくつ知っているかが重要だと感じています。

年々、良い獣道を確保できるようになり、初年度よりも効率的にイノシシを捕獲(ほかく)できるようになってきました。半面、とても贅沢(ぜいたく)で悩みとは言えないようなものですが、狩猟をはじめた頃のようなワクワク感は薄らいできました。少し寂しさのようなものがありました。

そんなとき、若い猟師さんと出会う機会がありました。

その猟師さんは自然のことについて造詣(ぞうけい)が深く、狩猟を中心にさまざまなお話を聞かせてもらうことができました。狩猟の世界もまだまだ奥が深く、自分が知らない楽しいことが待っていること、まだ自分がその入り口にも立っていないことにも気づかされました。

これからも狩猟を中心に、自然と触れ合う楽しさを日々感じられる生活を求めていきたいと思います。

本書を手に取ってくださり、もし今後狩猟に興味を持たれた方は、ぜひチャレンジしてほしいと思います。危険が伴う作業になりますが、

「自分が生きているのではなく、生かされているのをこれほどまでに感じられる体験は、他にはない」

と思います。

自分がいま家族が喜んでくれるお肉を山から得られるようになったのは、片桐邦雄さんの存在のおかげと思っています。獣肉を食べて育った子どもたちは元気いっぱいに育っています。心より感謝いたします。また、YouTubeでも撮影編集を担当し、今回の本の写真にも協力してくれた天木道さん（https://www.instagram.com/life_wataru/）、自分に声をかけてくれ、長期間、本に関するさまざまな相談にのってくれたさくら舎の古屋信吾編集長と松浦早苗さん、本当にありがとうございます。

そして、移住してからの冬の間、体も意識も山にいる自分を見守ってくれた妻の美穂さん。ありがとう。

辺土（へんど）正樹（まさき）